高职高专立体化教材计算机系列

大数据开发基础与实践

(微课版)

黄天春　刘振栋　主　编

宋建华　周希宸　阳　攀　曹　勇　副主编

清华大学出版社

北京

内 容 简 介

本书从初学者角度详细介绍了大数据开发的基础知识和对应的项目开发实践。全书共七个项目开发案例。第一个项目是大数据集群环境搭建，包括 Linux 虚拟机、JDK 环境、Zookeeper、Hadoop、HBase、Spark 等平台的安装和配置；第二个项目是数据仓库构建，包括 MySQL、Hive 的安装与配置；第三个项目是 Java 访问 Hadoop 实践，包括 Java 访问 HDFS 文件系统和 MapReduce 编程实践；第四个项目是大数据采集实践，包括利用 Python 编程语言、Request 库采集网页数据，并介绍利用 XPath 等技术对数据进行采集的方法；第五个项目是大数据清洗实践，包括利用编程方式和 Kettle 工具对数据进行清洗；第六个项目是大数据分析实践，包括利用 Hive 和 Spark 对数据进行清洗；第七个项目是大数据可视化实践，包括利用 Excel 和 ECharts 对数据进行可视化。

通过以上七个项目的开发与应用实践，将会提高读者的大数据开发应用实践能力。本书配备教学 PPT、教学视频、教学补充案例等资源。为了帮助读者更好地学习书中的内容，还提供了在线答疑。

本书基础理论与实践相结合，内容深入浅出，并配合实际的项目，适合致力于大数据开发方向的编程爱好者使用，也适用于高职高专以及应用型本科学生作为大数据教程。

图书在版编目(CIP)数据

大数据开发基础与实践：微课版/黄天春，刘振栋主编. —北京：清华大学出版社，2022.5（2024.2重印）

高职高专立体化教材计算机系列

ISBN 978-7-302-60693-2

Ⅰ．①大…　Ⅱ．①黄…　②刘…　Ⅲ．①数据处理软件—高等职业教育—教材　Ⅳ．①TP274

中国版本图书馆 CIP 数据核字(2022)第 069336 号

责任编辑：石　伟
封面设计：刘孝琼
责任校对：李玉茹
责任印制：沈　露

出版发行：清华大学出版社
　　　　网　　　址：https://www.tup.com.cn, https://www.wqxuetang.com
　　　　地　　　址：北京清华大学学研大厦 A 座　　　邮　　编：100084
　　　　社 总 机：010-83470000　　　　邮　　购：010-62786544
　　　　投稿与读者服务：010-62776969, c-service@tup.tsinghua.edu.cn
　　　　质量反馈：010-62772015, zhiliang@tup.tsinghua.edu.cn
　　　　课件下载：https://www.tup.com.cn, 010-62791865

印 装 者：三河市龙大印装有限公司
经　　销：全国新华书店
开　　本：185mm×260mm　　印　张：13.25　　字　数：325 千字
版　　次：2022 年 6 月第 1 版　　　　　印　次：2024 年 2 月第 2 次印刷
定　　价：39.00 元

产品编号：093286-01

前　　言

为什么要写这本书

大数据是现代社会高科技发展的产物。相对于传统数据库，大数据是海量数据的集合，它以采集、整理、清洗、存储、挖掘、共享、分析、应用、可视化等功能为核心，正广泛地应用于电商、金融、医疗、政务等各个领域。

当前，发展大数据已经成为国家战略，大数据在引领经济社会发展中的新引擎作用更加明显。2014 年，"大数据"首次出现在我国政府工作报告中，并提到要设立新兴产业创业创新平台，在大数据等方面赶超先进，引领未来产业发展。"大数据"一词逐渐在国内成为热议的词汇。2015 年国务院正式印发《促进大数据发展行动纲要》，明确指出要不断地推动大数据发展和应用，在未来打造精准治理、多方协作的社会治理新模式，建立运行平稳、安全高效的经济新机制，建立以人为本、惠及全民的民生服务新体系，开启大众创业、万众创新的创新驱动新格局，培育高端智能、新兴繁荣的产业发展新生态。

本书主要内容

本书以项目一体化的方式深入地讲解了大数据环境搭建、大数据采集、大数据清洗、大数据分析、大数据可视化的基本知识及实现的基本技术和方法，在内容设计上，既有详细的基础知识，又有大量的实践环节，理论与实践相结合，可极大地激发学生在课堂上的学习积极性与主动创造性，让学生在课堂上跟上老师的思维，从而学到更多有用的知识和技能。

全书共有七个项目，主要内容包括大数据集群环境搭建、数据仓库构建、Java 访问 Hadoop 实践、大数据采集实践、大数据清洗实践、大数据分析实践及大数据可视化实践。通过这七个项目开发案例可以使学生强化和巩固对应的知识。

本书主要特点

(1) 采用"项目一体化"的教学方式，既有教师的讲述，又有学生独立思考、上机操作等内容。

(2) 配套资源丰富。本书提供教学大纲、教学课件、电子教案、程序源码等多种教学资源，对重要的知识点和操作方法提供视频讲解，扫描书中对应的二维码可以在线观看、学习。

(3) 紧跟时代潮流，注重技术变化。书中包含了最新的大数据采集、清洗、分析、可视化等新知识和新技术，并引入了一些主流大数据开源组件，以便学生掌握的知识点更贴近毕业后的就业岗位。

(4) 编写本书的教师都具有多年的教学经验，将重点、难点突出，能够激发学生的学习热情。

读者对象

本书既可以作为大数据专业、软件技术专业、计算机网络专业的教材，也可作为大数据爱好者的参考书。同时笔者作为全国职业院校大数据技能竞赛和全国大学生大数据技能竞赛的指导教师，在编写本教材时充分参阅了最近几届全国职业院校大数据技能竞赛项目和全国大学生大数据技能竞赛的竞赛大纲，将竞赛项目的主要考点融入了本书，使本书对参加大数据技能竞赛的学生也有很好的指导和借鉴作用。

本书由黄天春、刘振栋主编。其中，黄天春编写了第 1～3 章，刘振栋编写了第 4、5 章，阳攀编写了第 6、7 章，宋建华、周希宸和曹勇对全书进行了审阅和校稿工作。

本书是校企合作共同编写的结果，在编写过程中得到了科大讯飞股份有限公司高教人才事业群和大数据研究院的大力支持，对他们提供的试验案例和数据表示衷心的感谢。

在编写过程中，我们参阅了大量的相关资料，在此表示感谢！

勘误和支持

由于编者水平有限，书中难免会出现一些错误或者表述不准确、不严谨的地方，恳请读者批评、指正。

编　者

目　　录

教案获取方式.pdf

项目 1

大数据集群环境搭建

【知识目标】

1. 了解大数据的基本概念；
2. 了解目前主流大数据处理框架；
3. 掌握 Hadoop 生态圈各组件的基本功能。

【技能目标】

1. 具备大数据处理框架选择能力；
2. 能够熟练安装 Hadoop 生态圈各组件；
3. 能够熟练配置 Hadoop 生态圈各组件环境。

【教学重点】

1. 大数据处理框架理论基础；
2. Hadoop 生态圈各组件安装；
3. Hadoop 生态圈各组件基本配置。

【教学难点】

1. 主流大数据处理框架的运行原理；
2. Hadoop 生态圈各组件配置。

第 1 章 大数据集群
环境搭建.ppt

【项目知识】

知识 1.1　大数据处理框架

1.1.1　大数据的基本概念

1．大数据的定义

"大数据"是一个覆盖多种技术的概念，简单地说，是指无法在一定时间内用常规软件工具对其内容进行抓取、管理和处理的数据集合。IBM 公司将"大数据"理念定义为 4 个 V，即大量化(Volume)、多样化(Variety)、快速化(Velocity)以及由此产生的价值(Value)。

因此，大数据的基本特征如下。

(1) 数据体量大：大数据的数据量从 TB 级别跃升到 PB 级别。

(2) 数据类型多样化：大数据的数据类型包括网络日志、音频、视频、图片、地理位置等。

(3) 处理速度快：以秒定义。这是大数据技术与传统数据挖掘技术的本质区别。

(4) 价值密度低：以视频为例，在连续不间断的视频监控过程中，可能有用的数据仅有一两秒。

2．大数据的发展

随着应用数据规模的急剧增加，传统系统面临严峻的挑战，它难以提供足够的存储和计算资源用于处理。大数据技术是从各种类型的海量数据中快速获得有价值信息的技术。大数据要面对的基本问题，也是核心的问题，就是海量数据如何可靠存储和高效计算。

2003—2006 年，Google(谷歌)公司先后发表了三篇论文：GFS、MapReduce、BigTable，从而奠定了大数据技术的基石。后来 Doug Cutting 等人根据 GFS、MapReduce 论文观点先后实现了 Hadoop 的 HDFS 分布式文件系统、MapReduce 分布式计算模型并开源。2008 年，Hadoop 成为 Apache 基金会顶级项目。

2010 年，Google 公司根据 BigTable 论文观点开发出 Hadoop 的 HBase 并开源。同年，开源组织 GNU 发布了 MongoDB，VMware 公司提供开源产品 Redis。

2011 年 12 月，Hadoop 1.0.0 版本发布，标志着 Hadoop 已经初具生产规模。

2011 年，Twitter(推特)公司提供开源产品 Storm，它是开源的分布式实时计算系统。

2012 年 5 月，Hadoop 2.0.0-alpha 版本发布，这是 Hadoop 2.X 系列中第一个 Alpha 版本。与之前的 Hadoop 1.X 系列相比，Hadoop 2.X 版本中加入了 YARN，YARN 成为 Hadoop 的子项目。

2013 年 10 月，Hadoop 2.0.0 版本发布，标志着 Hadoop 正式进入 MapReduce v2.0 时代。

2014 年，Spark 成为 Apache 基金会的顶级项目，它是专为大规模数据处理而设计的快速通用的计算引擎。

2014 年 4 月，Stratosphere 成为 Apache 孵化项目，从 Stratosphere 0.6 开始，正式更名

为 Flink。

2016 年 3 月，Flink 1.0.0 版正式发布，并支持 Scala 语言。

2017 年 12 月，继 Hadoop 3.0.0 的 4 个 Alpha 版本和 1 个 Beta 版本后，第一个可用的 Hadoop 3.0.0 版本发布。

2018 年，Spark 2.4.0 发布，成为全球最大的开源项目。

2019 年 12 月，Flink 最新版本 1.7.2 发布，增加了对 Scala 2.12 的支持，以及对 exactly-once S3 文件 sink、复杂事件处理与流 SQL 的集成。

1.1.2　大数据处理框架分类

目前流行的大数据处理框架，按照所处理的数据形式和得到结果的时效性分类，可以分为批处理系统、流处理系统和混合处理系统。

1. 批处理系统

由于批处理的过程是将任务分解为较小的任务，分别在集群中的每个计算机上进行计算，根据中间结果重新组合数据，然后计算和组合最终结果。所以，批处理系统主要操作大量的、静态的数据，并且全部处理完成后才能得到最终的结果。批处理系统主要以 Hadoop 为代表。Hadoop 主要由分布式文件系统 HDFS、资源管理器 YARN、离线计算框架 MapReduce 组成，是首个在开源社区获得极大关注的大数据处理框架，而且在不断发展完善。目前，Hadoop 已集成了众多优秀的产品，如非关系数据库 HBase、数据仓库 Hive、数据处理工具 Sqoop、机器学习算法库 Mahout、一致性服务软件 Zookeeper、管理工具 Ambari 等，因此它几乎成为大数据技术的代名词。

2. 流处理系统

流处理系统并不对已经存在的数据集进行操作，而是对从外部系统接入的数据进行处理。流处理系统可以分为两种：逐项处理和微批处理。逐项处理是每次处理一条数据；微批处理是把一小段时间内的数据当作一个微批次，对这个微批次内的数据进行处理。流处理系统主要以 Storm 为代表。

3. 混合处理系统

混合处理系统既可以进行批处理，又可以进行流处理。混合处理系统主要以 Spark 为代表。

1.1.3　大数据处理框架的选择

在实际业务处理过程中，往往同时存在批处理和流处理，因此在构建大数据处理框架的过程中，常采用 Hadoop 作为大数据平台的基础，通过 Hadoop 来解决分布式文件存储和离线计算问题。在 Hadoop 的基础上构建基于 Hive 的数据仓库，实现海量数据的查询与分析，再结合 Storm 和 Spark 平台实现流式计算和内存计算等功能需求。下面详细介绍以 Hadoop 为基础的大数据生态圈的组件。

知识 1.2 组 件 介 绍

1.2.1 Hadoop 分布式系统框架

在 Google 的 GFS、MapReduce 论文基础上发展起来的 Hadoop 已成为当今最流行的分布式大数据系统基础架构，其主要特点如下。

(1) 高可靠性：Hadoop 存储和处理数据的能力强，可靠性高。

(2) 高扩展性：Hadoop 是在可用的计算机集群间分配数据并完成计算任务的，这些集群可以方便地扩展到数以千计的节点上。

(3) 高效性：Hadoop 能够在节点之间动态地移动数据，并保证各个节点的动态平衡，因此处理速度非常快。

(4) 高容错性：Hadoop 能够自动保存数据的多个副本，并且能够自动将失败的任务重新分配。Hadoop 带有 Java 语言编写的框架，因此，运行在 Linux 平台上是非常理想的。Hadoop 上的应用程序也可以使用其他语言编写，如 C++、Python 等。

1.2.2 Hadoop 生态圈

狭义的 Hadoop 是一个适合大数据分布式存储和分布式计算的平台，包括 HDFS、MapReduce 和 YARN。

广义的 Hadoop 是以 Hadoop 为基础的生态系统，是一个庞大的体系，Hadoop 是其中最重要、最基础的一个部分。生态系统中的每个子系统只负责解决某一个特定的问题域。Hadoop 生态圈的主要构成如图 1-1 所示。

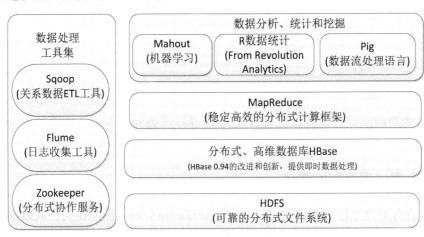

图1-1 Hadoop生态圈

Hadoop 生态圈的常用组件及其功能如表 1-1 所示。

表1-1   Hadoop生态圈常用组件及其功能

组　件	功　能
HDFS	分布式文件系统
MapReduce	分布式并行编程模型
HBase	建立在 Hadoop 文件系统之上的分布式列式数据库
Hive	Hadoop 上的大数据仓库
Pig	查询大型半结构化数据集的分析平台
Mahout	提供一些可扩展的机器学习领域经典算法的实现
Spark	基于内存计算引擎，包括 SparkCore、SparkSQL、SparkStreaming、MLlib 等
R	数据处理、计算和制图软件系统
Kafka	高吞吐量的分布式发布订阅消息系统
Flume	一个高可用、高可靠、分布式的海量日志采集、聚合和传输系统
Sqoop	在传统的数据库与 Hadoop 数据存储和处理平台间进行数据传递的工具
Zookeeper	提供分布式协调一致性服务

1.2.3   Hadoop 典型应用架构

Hadoop 的典型应用架构如图 1-2 所示。自下而上，分为数据来源层、数据传输层、数据存储层、编程模型层、数据分析层、上层业务。结构化与非结构化的离线数据，采集后保存在 HDFS 或 HBase 中，实时流数据则通过 Kafka 消息队列发送给 Storm。

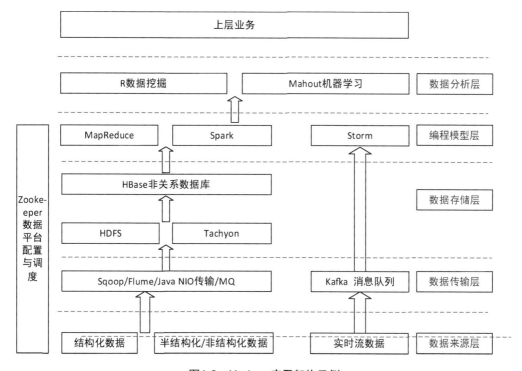

图1-2   Hadoop应用架构示例

在编程模型层，Spark 与 MapReduce 框架的数据交互，一般通过磁盘完成，这样的效率是很低的。为了解决这个问题，引入 Tachyon 中间层，这样数据交换实际上就在内存中进行了。

HDFS、HBase、Tachyon 集群的 master 通过 Zookeeper 来管理，宕机时会自动选举出新的 Leader，并且会自动从节点连接到新的 Leader 上。

在数据分析层，采用机器学习的预测模型和集成学习的策略，进行大数据挖掘。

上层业务可以从数据分析层获取数据，为用户提供大数据可视化展示。

【项目实施】

任务 1　安装 Linux 系统

【1】任务简介

本项任务为在计算机上安装 CentOS 7.0 版本的 Linux 操作系统。

【2】相关知识

任务 1.Linux 安装.mp4

CentOS(Community Enterprise Operating System，社区企业操作系统)是 Linux 发行版之一，它来自 Red Hat Enterprise Linux，是依照开放源代码规定释出的源代码编译而成。由于出自同样的源代码，因此有些要求高度稳定性的服务器以 CentOS 替代商业版的 Red Hat Enterprise Linux 使用。两者的不同在于，CentOS 并不包含封闭源代码软件。

【3】任务实施

1．CentOS 7.0 的 U 盘启动盘制作

(1) 准备 8GB 的 U 盘(启动盘制作完成后，U 盘占用约 4.02GB，所以需要 8GB)。

(2) 下载最新版软碟通 UltraISO(如 V9.6.5.3237)和 CentOS 7.0 安装镜像文件(下载地址为 http://centos.ustc.edu.cn/centos/)。

(3) 启动 UltraISO，如图 1-3 所示。

图1-3　启动UltraISO

(4) 选择菜单栏中的"文件"→"打开"命令，在弹出的对话框中选择 CentOS-7-x86_64-DVD-1511.iso 文件，如图 1-4 所示。

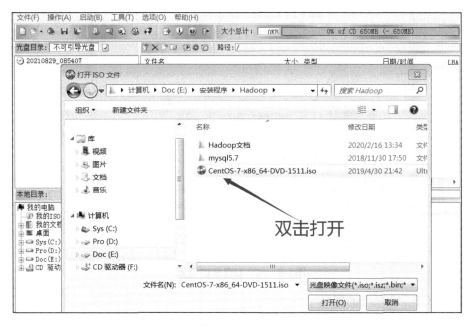

图1-4 选择CentOS 7.0镜像文件

(5) 选择菜单栏中的"启动"→"写入硬盘映像"命令，如图 1-5 所示。

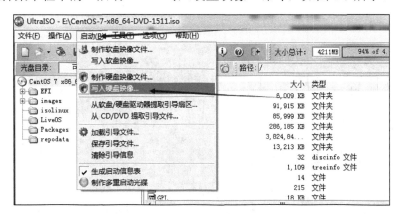

图1-5 选择"写入硬盘映像"命令

(6) 在如图 1-6 所示的对话框中设置文件写入方式。

注意：设置安装方式如下。
- 硬盘驱动器：选择将要写入的 U 盘。
- 写入方式：USB-HDD+。
- 刻录校验：最好选上。

(7) 单击"写入"按钮。等待几分钟后完成 U 盘启动盘的制作，同时将 CentOS 7.0 的 ISO 格式镜像文件复制到 U 盘的根目录中。

图1-6　写入U盘前的设置

2．CentOS 7.0 系统的安装

将制作好的 CentOS 7.0 操作系统启动 U 盘插入待安装的计算机，启动计算机，按 F10 键进入 BIOS 设置界面，选择 U 盘启动。

(1)　U 盘引导启动后，出现的界面如图 1-7 所示。选择 Test this media & install CentOS 7 选项并按 Enter 键。

图1-7　选择检测介质并安装

(2)　等待安装介质的检测完成，如图 1-8 所示。

(3)　进入系统安装欢迎界面，如图 1-9 所示，选择"简体中文(中国)"选项。

(4)　单击"继续"按钮，进入系统附加组件选择界面，如图 1-10 所示。

(5)　选中"GNOME 桌面"选项并根据实际情况选择附加选项，单击"完成"按钮，进入操作系统安装位置选择界面，如图 1-11 所示。

```
 - Press the           key to begin the installation process.
   9.186147] dracut-pre-udev[328]: modprobe: ERROR: could not insert 'floppy':
No such device
  OK ] Started Show Plymouth Boot Screen.
  OK ] Started Forward Password Requests to Plymouth Directory Watch.
  OK ] Reached target Paths.
  OK ] Reached target Basic System.
  OK ] Started Device-Mapper Multipath Device Controller.
       Starting Open-iSCSI...
  OK ] Started Open-iSCSI.
       Starting dracut initqueue hook...
       Mounting Configuration File System...
  OK ] Mounted Configuration File System.
  15.017074] sd 2:0:0:0: [sda] Assuming drive cache: write through
  14.830752] dracut-initqueue[1035]: mount: /dev/sr0 is write-protected, mount
  OK ] Started Show Plymouth Boot Screen.
  OK ] Started Forward Password Requests to Plymouth Directory Watch.
  OK ] Reached target Paths.
```

图1-8 安装检测

图1-9 选择语言

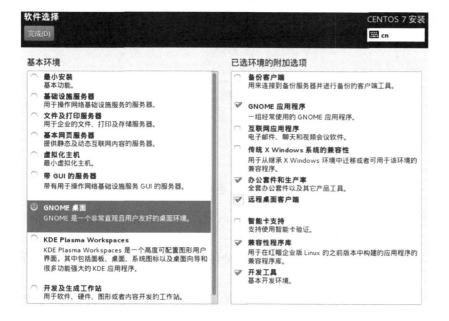

图1-10 选择附加组件

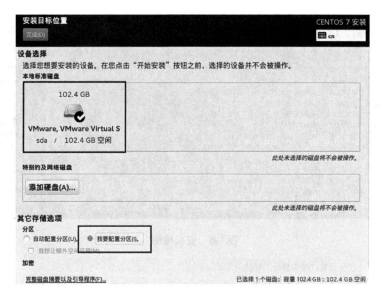

图1-11 安装目标位置设置

（6）在"其它存储选项"区域中，可以选中"自动配置分区"单选按钮，也可以选中"我要配置分区"单选按钮，进入手动分区设置界面，如图 1-12 所示。

图1-12 手动分区

（7）分别设置系统分区、数据分区和交换分区，然后进入分区确认界面，如图 1-13 所示。

（8）单击"接受更改"按钮，完成手动分区的设置。进入网络和主机名设置界面，如图 1-14 所示。

（9）将主机名设置为 master，IP 地址设置为 192.168.1.250，子网掩码设置为 255.255.255.0，网关地址设置为 192.168.1.1，DNS 设置为 61.128.128.68。然后单击"完成"按钮，进入系统用户密码设置界面，如图 1-15 所示。

图1-13　确认分区

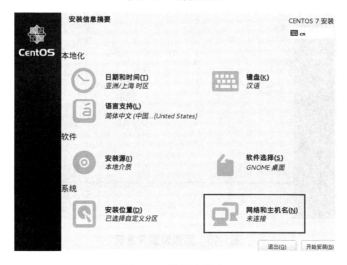

图1-14　设置主机名

(10) 安装过程中建议设置符合安全规范的 root 密码。完成用户设置后，重启系统即完成系统的安装，如图 1-16 所示。

(11) 由于搭建完全分布式 Hadoop 大数据平台需要 3 台服务器，因此按上述步骤分别再安装第 2 台和第 3 台服务器，其对应的主机名和 IP 地址分别为 slave1(192.168.1.251)、slave2(192.168.1.252)。

3. 操作系统基本设置

在安装完 CentOS 操作系统后，还需要完成操作系统的网络配置及启动选项，如安装 SSH 服务、关闭防火墙、配置时间同步和 SSH 免密登录等。

(1) 网络配置。

通过命令终端进入/etc/sysconfig/network-scripts/目录，编辑文件名以 ifcfg-en 打头的文

件，将服务器的 IP 地址分别配置为 192.168.1.250，并设置网卡的启动模式为自动 ONBOOT=yes，如图 1-17 所示。

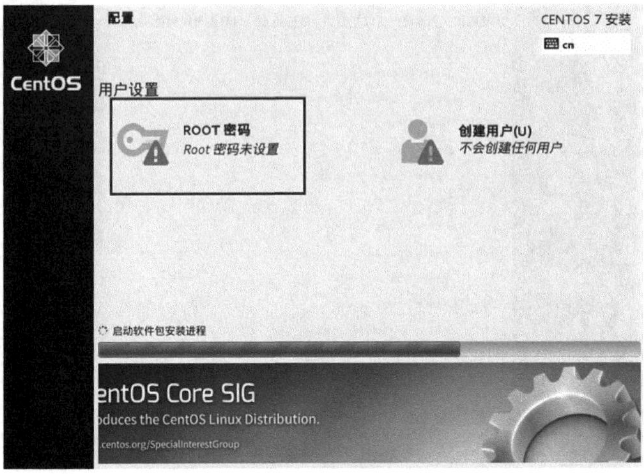

图1-15　设置系统用户和密码

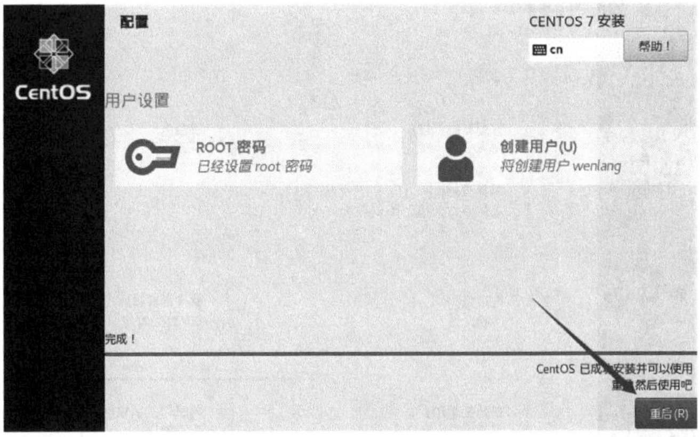

图1-16　完成设置并重启

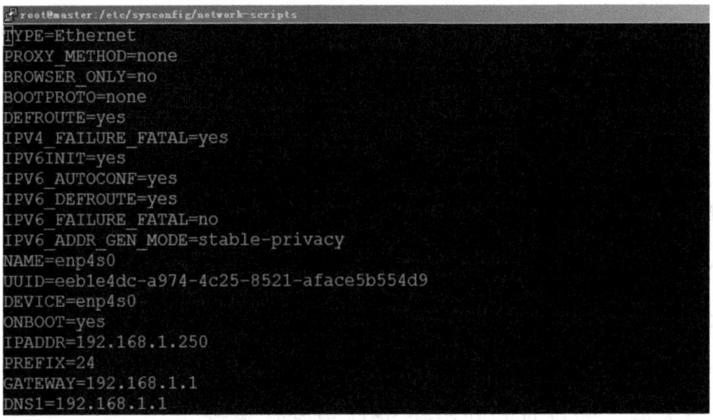

```
root@master:/etc/sysconfig/network-scripts
TYPE=Ethernet
PROXY_METHOD=none
BROWSER_ONLY=no
BOOTPROTO=none
DEFROUTE=yes
IPV4_FAILURE_FATAL=yes
IPV6INIT=yes
IPV6_AUTOCONF=yes
IPV6_DEFROUTE=yes
IPV6_FAILURE_FATAL=no
IPV6_ADDR_GEN_MODE=stable-privacy
NAME=enp4s0
UUID=eeb1e4dc-a974-4c25-8521-aface5b554d9
DEVICE=enp4s0
ONBOOT=yes
IPADDR=192.168.1.250
PREFIX=24
GATEWAY=192.168.1.1
DNS1=192.168.1.1
```

图1-17　配置网络

(2) 安装 SSH 服务。

SSH 是 Secure Shell 的缩写,它是建立在应用层基础上的安全协议。SSH 是目前较可靠,专为远程登录会话和其他网络服务提供安全管理的协议。利用 SSH 协议可以有效防止远程管理过程中的信息泄露。

SSH 由客户端(openssh-client)软件和服务器端(openssh-server)软件组成。在安装 SSH 服务时,需要 CentOS 操作系统连接互联网。

① 安装 SSH 客户端软件。

● 利用 dpkg 命令查看是否已安装 SSH 客户端软件,在终端执行命令如下:

```
dpkg -l | grep ssh
```

● 如果没有安装,利用 install 命令进行安装,在终端执行命令如下:

```
yum install openssh-client -y
```

② 安装 SSH 服务端软件。

利用 install 命令进行安装,在终端执行命令如下:

```
yum install openssh-server -y
```

(3) 关闭服务器的防火墙。

① 如果不关闭操作系统的防火墙,则可能出现以下几种情况。

● 无法正常访问 Hadoop HDFS 的 Web 管理页面。

● 会导致后台某些运行脚本(如后面要学习的 Hive 程序)出现假死状态。

● 在删除和增加节点的时候,会让数据迁移处理时间更长,甚至不能正常完成相关操作。

② 要关闭操作系统的防火墙,可以执行如下命令。

● 停止防火墙服务,在终端执行命令:

```
systemctl stop firewalld.service
```

● 在启动操作系统时自动停止防火墙服务,在终端执行命令:

```
systemctl disable firewalld.service
```

(4) 修改服务器的 hosts 文件。

在终端执行命令:

```
vi /etc/hosts
```

在每台服务器的 hosts 文件中添加如下内容,实现 IP 地址和主机名的映射。

```
192.168.1.250 master
192.168.1.251 slave1
192.168.1.252 slave2
```

(5) 修改服务器的主机名。

永久修改服务器主机名,编辑/etc/hostname 文件,三台服务器 IP 地址与主机名对应的关系为:

192.168.1.250—master

192.168.1.251—slave1

192.168.1.252—slave2

因此在 master、slave1、slave2 三台主机的 hostname 文件中，分别设置主机名为 master、slave1 和 slave2。

(6) 下载相关工具。

● 下载相关工具，在终端执行命令：

```
yum install -y net-tools
```

● 重新启动服务器，在终端执行命令：

```
reboot 0
```

(7) 配置时间同步。

① 设置系统时区。

在终端执行命令：tzselect，如图 1-18 所示。输入"5"(即选择 Asia)后按 Enter 键，然后在弹出的选项中依次输入"9"(即选择 China)和"1"(即选择 Beijing Time)。

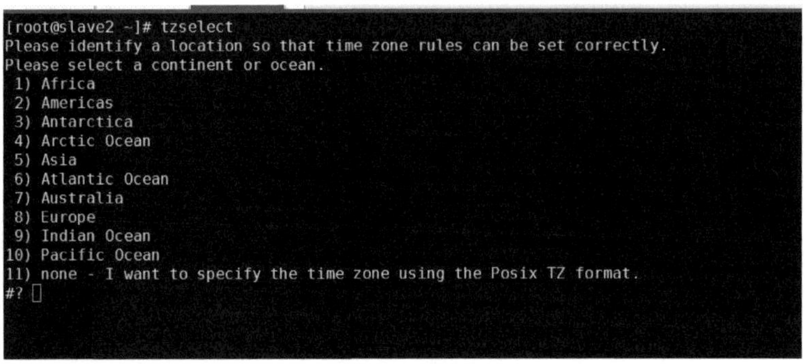

```
[root@slave2 ~]# tzselect
Please identify a location so that time zone rules can be set correctly.
Please select a continent or ocean.
 1) Africa
 2) Americas
 3) Antarctica
 4) Arctic Ocean
 5) Asia
 6) Atlantic Ocean
 7) Australia
 8) Europe
 9) Indian Ocean
10) Pacific Ocean
11) none - I want to specify the time zone using the Posix TZ format.
#?
```

图1-18　时区选择

② 安装 ntp 服务。

注意：在三台机器上分别下载 ntp 服务。

在终端执行命令：yum install -y ntp，以 master 作为 ntp 服务器，修改 ntp 配置文件，修改 master 上的/etc/ntp.conf 文件，如图 1-19 所示。

```
# CVE-2013-5211 for more details.
# Note: Monitoring will not be disabled with the limited restriction flag.
disable monitor

server 127.127.1.0              #local clock
fudge  127.127.1.0  startum 10  #startum的范围为0-15
```

图1-19　配置时间同步

然后重新启动 ntp 服务。在终端执行命令：/bin/systemctl restart ntpd.service，大概等待时间为 5 分钟。

再到 slave1 和 slave2 服务器上同步时间。在 slave1 和 slave2 主机上安装日期同步工具后，在其终端执行命令：ntpdate master。

(8)　配置 SSH 免密。

SSH 主要通过 RSA 算法来产生公钥和私钥，在数据传输过程中对数据进行加密来保障数据的安全性和可靠性。公钥部分是公共部分，网络上任一节点均可以访问；私钥主要用于对数据进行加密，以防他人盗取数据。总而言之，这是一种非对称算法。

Hadoop 集群的各个节点之间需要进行数据的访问，被访问的节点对于用户访问节点的可靠性必须进行验证，Hadoop 采用的是 SSH 的方法，通过密钥验证及数据加解密的方式进行远程安全登录操作。当然，如果 Hadoop 对每个节点的访问均需要进行验证，其效率就会大大降低，所以才需要配置 SSH 免密码的方法直接远程连入被访问节点，这样将大大提高访问效率。

①　在三台服务器上分别产生公私密钥。

在终端执行命令：ssh-keygen -t rsa，则生成公钥和私钥，如图 1-20 所示。

```
[usera@serverA ~]$ ssh-keygen -t rsa
Generating public/private rsa key pair.
Enter file in which to save the key (/home/usera/.ssh/id_rsa):
Created directory '/home/usera/.ssh'.
Enter passphrase (empty for no passphrase):
Enter same passphrase again:
Your identification has been saved in /home/usera/.ssh/id_rsa.
Your public key has been saved in /home/usera/.ssh/id_rsa.pub.
The key fingerprint is:
39:f2:fc:70:ef:e9:bd:05:40:6e:64:b0:99:56:6e:01 usera@serverA
The key's randomart image is:
+--[ RSA 2048]----+
|          Eo*    |
|           @ .   |
|          = *    |
|         o o .   |
|        . S   .  |
|         + .   . |
|         + .   .|
|          + . o. |
|           .o= o.|
+-----------------+
```

图1-20　生成公钥和私钥

生成的私钥和公钥对应的文件在用户主目录下的.ssh 子目录中，其中，id_rsa 为私钥，id_rsa_pub 为公钥，可进入其目录，利用 ls 命令查看结果，如图 1-21 所示。

```
[usera@serverA ~]$ ls -la .ssh
总用量 16
drwx------  2 usera usera 4096  8月 24 09:22 .
drwxrwx--- 12 usera usera 4096  8月 24 09:22 ..
-rw-------  1 usera usera 1675  8月 24 09:22 id_rsa
-rw-r--r--  1 usera usera  399  8月 24 09:22 id_rsa.pub
```

图1-21　查看公钥与私钥

② 将公钥复制到其他服务器上。

执行命令：

```
ssh-copy-id slave1
```

这时，master 就可以通过 SSH 连接 slave1，如图 1-22 所示。

```
[root@master .ssh]# ssh slave1
The authenticity of host 'slave1 (192.168.1.251)' can't be established.
ECDSA key fingerprint is SHA256:wvc0tuzBeI6zNCEfCEziIKyRjmXclE9GSUzHKOxomS8.
ECDSA key fingerprint is MD5:0e:05:95:0a:45:25:e8:33:03:53:fe:4a:01:36:18:07.
Are you sure you want to continue connecting (yes/no)? yes
Warning: Permanently added 'slave1,192.168.1.251' (ECDSA) to the list of known
root@slave1's password:
Last login: Thu Dec  6 15:12:55 2018 from 192.168.1.109
[root@slave1 ~]# 
```

图1-22　SSH登录slave1主机

slave1 节点首次连接时需要输入"yes"确认连接，这意味着 master 节点连接 slave1 节点时需要人工询问，无法自动连接；输入"yes"后成功接入，紧接着退出 master 节点。

同样，在 slave1 和 slave2 主机上分别进行如上操作。

【4】任务拓展

在完成 CentOS 7.0 系统安装和基本配置后，尝试安装 FTP 服务，以便于在计算机上往 Linux 主机上传文件。

任务 2　安装 JDK 1.8

任务 2.JDK 安装配置.mp4

【1】任务简介

本项任务主要是在 CentOS 7.0 环境下安装 JDK 1.8，并配置对应的环境变量。

【2】相关知识

JDK(Java Development Kit)是 Java 语言的软件开发工具包，主要用于开发 Web 应用、移动设备、嵌入式设备上的 Java 应用程序。JDK 是整个 Java 开发的核心，它包含了 Java 的运行环境(JVM 和 Java 系统类库)和 Java 工具。由于 Hadoop 是基于 Java 语言开发，因此要运行 Hadoop 平台，必须先安装 JDK。

【3】任务实施

(1) 检查系统是否已带 JDK，检查的方式是使用命令：java -version，如果出现如图 1-23 所示的信息，则说明已安装 JDK。

```
[root@master java]# java -version
openjdk version "1.8.0_161"
OpenJDK Runtime Environment (build 1.8.0_161-b14)
OpenJDK 64-Bit Server VM (build 25.161-b14, mixed mode)
[root@master java]#
```

图1-23　检测是否已安装JDK

(2)　执行命令：rpm -qa|grep jdk，查看对应的版本，如图 1-24 所示。

```
[root@master soft]# rpm -qa|grep jdk
copy-jdk-configs-3.3-2.el7.noarch
java-1.8.0-openjdk-headless-1.8.0.161-2.b14.el7.x86_64
java-1.7.0-openjdk-headless-1.7.0.171-2.6.13.2.el7.x86_64
[root@master soft]#
```

图1-24　查看JDK版本

(3)　如果系统自带 JDK，则使用以下命令进行删除：yum remove java，如图 1-25 所示。

```
[root@master java]# yum remove java
已加载插件: fastestmirror, langpacks
正在解决依赖关系
--> 正在检查事务
---> 软件包 java-1.7.0-openjdk.x86_64.1.1.7.0.171-2.6.13.2.el7 将被 删除
--> 正在处理依赖关系 java >= 1.5, 它被软件包 jline-1.0-8.el7.noarch 需要
---> 软件包 java-1.8.0-openjdk.x86_64.1.1.8.0.161-2.b14.el7 将被 删除
--> 正在处理依赖关系 java-1.8.0-openjdk, 它被软件包 icedtea-web-1.7.1-1.el7.x86_64 需要
--> 正在检查事务
---> 软件包 icedtea-web.x86_64.0.1.7.1-1.el7 将被 删除
---> 软件包 jline.noarch.0.1.0-8.el7 将被 删除
--> 正在处理依赖关系 jline, 它被软件包 rhino-1.7R5-1.el7.noarch 需要
--> 正在检查事务
---> 软件包 rhino.noarch.0.1.7R5-1.el7 将被 删除
--> 解决依赖关系完成
base/7/x86_64
extras/7/x86_64
extras/7/x86_64/primary_db
updates/7/x86_64
```

图1-25　删除系统自带的JDK

然后删除对应的程序文件，执行命令如下：

```
rpm -e --nodeps copy-jdk-configs-3.3-2.el7.noarch
rpm -e --nodeps java-1.8.0-openjdk-headless-1.8.0.161-2.b14.el7.x86_64
rpm -e -nodeps java-1.7.0-openjdk-headless-1.7.0.*
```

(4)　在删除系统自带的 JDK 以后，访问 Oracle 官网，下载 JDK 1.8 版本的安装包程序 jdk-8u221-linux-i586.tar.gz，并将安装包下载到/opt/soft 目录下。然后按照以下步骤进行安装。

①　建立工作路径。

```
/usr/java
```

执行命令：mkdir -p java，在 usr 目录下创建 java 子目录，如图 1-26 所示。

```
[root@master usr]# mkdir -p java
[root@master usr]#
```

图1-26　创建安装文件夹

解压 jdk 的安装文件，执行命令如下：

```
tar -zxvf /opt/soft/jdk-8u162-linux-x64.tar.gz -C /usr/java/
```

将程序压缩包解压到/usr/java 目录下，如图 1-27 所示。

```
[root@master java]# tar -zxvf /opt/soft/jdk-8u162-linux-x64.tar.gz -C /usr/java/
```

图1-27 解压文件

修改文件夹 jdk1.8.0_221 的名称为 jdk1.8，使目录更简洁，以便于相关软件的配置。执行命令：

```
mv jdk1.8.0_221 jdk1.8
```

② 修改环境变量文件，命令为 vi /etc/profile。主要配置 JAVA_HOME、CLASSPATH、PATH 三个环境变量，如图 1-28 所示。

```
#Java Env
export JAVA_HOME=/usr/java/jdk1.8
export CLASSPATH=$JAVA_HOME/lib/
export PATH=$PATH:$JAVA_HOME/bin
export PATH JAVA_HOME CLASSPATH
```

图1-28 修改profile环境变量文件

若要环境变量配置生效，则执行命令：

```
source /etc/profile
```

环境变量配置生效后，在终端执行命令：

```
java -version
```

如果能看到当前所安装的 JDK 版本信息，则说明 JDK 的安装和配置成功完成，如图 1-29 所示。

```
[root@slave2 java]# vi /etc/profile
[root@slave2 java]# source /etc/profile
[root@slave2 java]# java -version
java version "1.8.0_162"
Java(TM) SE Runtime Environment (build 1.8.0_162-b12)
Java HotSpot(TM) 64-Bit Server VM (build 25.162-b12, mixed mode)
[root@slave2 java]#
```

图1-29 测试JDK是否安装成功

【4】任务拓展

将 master 主机上 JDK 1.8 的程序文件通过远程复制的方式，复制到 slave1 和 slave2 服务器上。执行命令：

```
scp -r /usr/java/jdk1.8/ slave1:/usr/java/
scp -r /usr/java/jdk1.8/ slave2:/usr/java/
```

然后在 slave1 和 slave2 主机上的/etc/profile 文件中添加如下环境变量信息：

```
export JAVA_HOME=/usr/java/jdk1.8
export CLASSPATH=$JAVA_HOME/lib/
export PATH=$PATH:$JAVA_HOME/bin
export PATH JAVA_HOME CLASSPATH
```

通过 source /etc/profile 命令让环境变量文件生效，最后通过 java -version 命令验证 JDK 是否安装成功。

任务 3   安装 Zookeeper

【1】任务简介

任务 3.Zookeeper 安装.mp4

本项任务主要是在 CentOS 7.0 环境下安装 Zookeeper 3.4.1，并配置对应的环境变量。

【2】相关知识

1. 什么是 Zookeeper

Zookeeper 是一个开放源代码的分布式应用程序协调服务，是 Google Chubby 的一个开源实现，是 Hadoop 和 HBase 的重要组件。它是一个为分布式应用提供一致性服务的软件，提供的功能包括配置维护、域名服务、分布式同步、组服务等。

Zookeeper 的目标就是封装好复杂易出错的关键服务，将简单易用的接口和性能高效、功能稳定的系统提供给用户。Zookeeper 提供 Java 和 C 的接口。Zookeeper 代码版本中，提供了分布式独享锁、选举、队列的接口，其中分布式独享锁和队列有 Java 和 C 两个版本，选举只有 Java 版本。

2. Zookeeper 的原理

Zookeeper 是以 Fast Paxos 算法为基础的。Paxos 算法存在活锁的问题，即当有多个 proposer 交错提交时，有可能互相排斥，导致没有一个 proposer 能提交成功，而 Fast Paxos 做了一些优化，通过选举产生一个 Leader(领导者)，只有 Leader 才能提交 proposer，具体算法可见 Fast Paxos。

Zookeeper 的基本运转流程如下。

(1) 选举 Leader。

(2) 同步数据。

(3) 选举 Leader 过程中算法有很多，但要达到的选举标准是一致的。

(4) Leader 要具有最高的执行 ID，类似 root 权限。

(5) 集群中大多数的机器得到响应并接受选出的 Leader。

3. Zookeeper 的特点

在 Zookeeper 中，znode 是一个跟 UNIX 文件系统路径相似的节点，可以在这个节点中存储或获取数据。如果在创建 znode 时 Flag 设置为 EPHEMERAL，那么当创建这个 znode 的节点和 Zookeeper 失去连接后，这个 znode 将不再保存在 Zookeeper 里，Zookeeper 使用 Watcher 察觉事件信息。当客户端接收到事件信息，比如连接超时、节点数据改变、子节点改变时，可以调用相应的行为来处理数据。

那么 Zookeeper 能做什么事情呢？举个简单的例子：假设我们有 20 个搜索引擎服务器(每个负责总索引中的一部分搜索任务)和一个总服务器(负责向这 20 个搜索引擎服务器发出搜索请求并合并结果集)，一个备用的总服务器，一个 Web 的 CGI(向总服务器发出搜索请求)。搜索引擎的服务器中有 15 个服务器提供搜索服务，5 个服务器正在生成索引。这 20 个搜索引擎的服务器经常要让正在提供搜索服务的服务器停止提供服务开始生成索引，或生成索引的服务器已经把索引生成可以提供搜索服务了。使用 Zookeeper 可以保证总服务器自动感知有多少提供搜索引擎的服务器，并向这些服务器发出搜索请求；当总服务器宕机时，自动启用备用的总服务器。

【3】任务实施

(1) 修改主机名称到 IP 地址映射的配置。在 master、slave1、slave2 三台服务器的 /etc/hosts 文件中添加如下信息(见图 1-30)：

```
192.168.1.250 master master.root
192.168.1.251 slave1 slave1.root
192.168.1.252 slave2 slave2.root
```

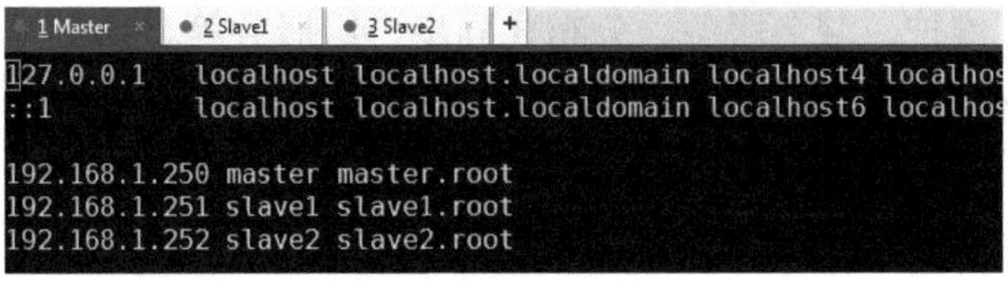

图1-30 设置hosts文件

(2) 在 master 主机的 usr 目录下创建 zookeeper 目录，并将 zookeeper 程序文件解压到此目录中，如图 1-31 所示。

图1-31 解压文件

修改 zookeeper-3.4.10 文件夹的名称，如图 1-32 所示。

图1-32 修改zookeeper-3.4.10文件夹的名称

（3）修改 zookeeper 的配置文件。进入 zookeeper 的 conf 目录，将 zoo_sample.cfg 文件复制一份，命名为 zoo.cfg，如图 1-33 所示，其中，dataDir 代表数据存放目录，dataLogDir 代表日志目录。

```
tickTime=2000
initLimit=10
syncLimit=5
dataDir=/usr/zookeeper/zookeeper3.4/zkdata
clientPort=2181
dataLogDir=/usr/zookeeper/zookeeper3.4/zkdatalog
server.1=master:2888:3888
server.2=slave1:2888:3888
server.3=slave2:2888:3888
```

图1-33   设置zoo.cfg文件

（4）在 Zookeeper 的程序目录中，创建 zkdata 和 zkdatalog 两个文件夹。zkdatalog 文件夹用于指定 Zookeeper 产生的日志文件存放位置，如图 1-34 所示。

```
[root@master zookeeper3.4]# mkdir zkdata
[root@master zookeeper3.4]# mkdir zkdatalog
[root@master zookeeper3.4]# ls
bin          contrib      ivysettings.xml    LICENSE.txt              README.txt    zkdata
build.xml    dist-maven   ivy.xml            NOTICE.txt               recipes       zkdatalog
conf         docs         lib                README_packaging.txt     src           zookeeper
[root@master zookeeper3.4]#
```

图1-34   创建zkdata和zkdatalog文件夹

（5）进入 zkdata 目录，创建文件 myid，并在文件中输入"1"，如图 1-35 所示。

图1-35   创建文件myid

（6）远程复制分发安装文件，将 master 主机上的 Zookeeper 程序文件夹通过远程复制的方式分发到 slave1 和 slave2 主机上：

```
scp -r /usr/zookeeper/ root@slave1:/usr/
scp -r /usr/zookeeper/ root@slave2:/usr/
```

远程复制分发操作如图 1-36 所示。

```
[root@master zkdata]# scp -r /usr/zookeeper/ root@slave2:/usr/
```

图1-36   远程复制分发

然后将 slave1 和 slave2 主机上的 myid 文件的值，分别修改成 2 和 3，如图 1-37 所示。

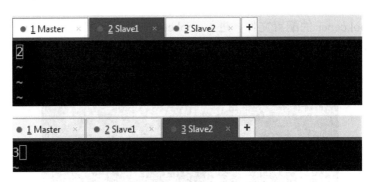

图1-37　修改myid文件

(7) 分别配置 master、slave1、slave2 主机的环境变量，在其环境变量文件/etc/profile 中添加如下内容：

```
export ZOOKEEPER_HOME=/usr/zookeeper/zookeeper3.4
PATH=$PATH:$ZOOKEEPER_HOME/bin
```

然后使用 source /etc/profile 命令让设置生效。

(8) 启动 Zookeeper 集群。在 Zookeeper 集群的每个节点上，执行启动 Zookeeper 服务的如下脚本。

- 启动：bin/zkServer.sh start。
- 查看状态：bin/zkServer.sh status。

通过以上命令可以看到 Leader 和 Follower 模式状态，如图 1-38 和图 1-39 所示。

```
[root@slave1 zkdata]# cd /usr/zookeeper/zookeeper3.4/
[root@slave1 zookeeper3.4]# bin/zkServer.sh start
ZooKeeper JMX enabled by default
Using config: /usr/zookeeper/zookeeper3.4/bin/../conf/zoo.cfg
Starting zookeeper ... STARTED
[root@slave1 zookeeper3.4]# jps
7794 Jps
7754 QuorumPeerMain
[root@slave1 zookeeper3.4]# bin/zkServer.sh status
ZooKeeper JMX enabled by default
Using config: /usr/zookeeper/zookeeper3.4/bin/../conf/zoo.cfg
Mode: leader
[root@slave1 zookeeper3.4]#
```

图1-38　查看Zookeeper的Leader运行状态

```
[root@slave2 zookeeper3.4]# bin/zkServer.sh status
ZooKeeper JMX enabled by default
Using config: /usr/zookeeper/zookeeper3.4/bin/../conf/zoo.cfg
Mode: follower
[root@slave2 zookeeper3.4]#
```

图1-39　查看Zookeeper的Follower运行状态

通过上面的状态查询结果可见，一个节点是 Leader，其余节点是 Follower。

【4】任务拓展

根据三台已部署完毕的 Zookeeper 主机，结合课外资料，分析 Leader 和 Follower 的工作流程和工作原理。

任务 4　安装 Hadoop

任务 4.Hadoop 安装配置.mp4

【1】任务简介

本项任务主要是在已安装 CentOS 7.0 操作系统、JDK 1.8、Zookeeper 3.4.1 环境的三台主机上部署 Hadoop 2.7.3，并配置对应的环境变量。

【2】相关知识

1. 什么是 Hadoop

Hadoop 是 Apache 旗下的一套开源软件平台，其提供的主要功能是利用服务器集群，根据用户的自定义业务逻辑，对海量数据进行分布式处理。Hadoop 的核心组件有：HDFS(分布式文件系统)、YARN(运算资源调度系统)、MapReduce(分布式运算编程框架)。

2. Hadoop 的优点

Hadoop 是一个能够对大量数据进行分布式处理的软件框架，以可靠、高效、可伸缩的方式进行数据处理。

(1) Hadoop 是可靠的，它假设计算元素和存储会失败，因此会维护多个工作数据副本，确保能够针对失败的节点重新分布处理。

(2) Hadoop 是高效的，因为它以并行的方式工作，通过并行处理加快处理速度。

(3) Hadoop 是可伸缩的，能够处理 PB 级数据。

(4) Hadoop 依赖于社区服务，因此它的成本比较低，任何人都可以使用。

(5) Hadoop 是一个能够让用户轻松架构和使用的分布式计算平台。用户可以轻松地在 Hadoop 上开发和运行处理海量数据的应用程序。它主要有以下几个优点。

- 高可靠性。Hadoop 通过提供对多个 NameNode 的支持，克服了单点故障这一缺点。该功能为 Hadoop 架构引入了一个额外的 NameNode(被动备用 NameNode)，该架构被配置为自动故障转移。

- 高扩展性。Hadoop 是在可用的计算机集群间分配数据并完成计算任务的，这些集群可以方便地扩展到数以千计的节点中。

- 高效性。Hadoop 能够在节点之间动态地移动数据，并保证各个节点的动态平衡，因此处理速度非常快。

- 高容错性。Hadoop 能够自动保存数据的多个副本，并且能够自动将失败的任务重新分配。

- 低成本。与一体机、商用数据仓库以及 QlikView、Yonghong Z-Suite 等数据集市相比，Hadoop 是开源的，项目的软件成本因此大大降低。

- Hadoop 带有用 Java 语言编写的框架，因此运行在 Linux 平台上是非常理想的。Hadoop 上的应用程序也可以使用其他语言编写，比如 C++、Python 等。

3. Hadoop 的核心架构

Hadoop 由许多元素构成，其最底部是 Hadoop Distributed File System(HDFS)，它存储 Hadoop 集群中所有存储节点上的文件。HDFS 的上一层是 MapReduce 引擎，该引擎由 JobTrackers 和 TaskTrackers 组成。MapReduce 的运行依托于 YARN 框架。

(1) HDFS

对外部客户机而言，HDFS 就像一个传统的分级文件系统，可以创建、删除、移动或重命名文件，等等。但是 HDFS 是基于一组特定的节点构建的，这是由它自身的特点决定的。这些节点包括 NameNode(仅一个)，它在 HDFS 内部提供元数据服务；DataNode，它为 HDFS 提供存储块。由于仅存在一个 NameNode，因此这是 HDFS 1.x 版本的一个缺点(单点失效)。在 Hadoop 2.x 版本中可以存在两个 NameNode，解决了单节点故障问题。

存储在 HDFS 中的文件被分成块，然后将这些块复制到多个计算机中(DataNode)，这与传统的 RAID 架构大不相同。块的大小(1.x 版本默认为 64MB，2.x 版本默认为 128MB)和复制的块数量在创建文件时由客户机决定。NameNode 可以控制所有文件操作。HDFS 内部的所有通信都基于标准的 TCP/IP。

(2) NameNode

NameNode 是一个通常在 HDFS 实例中单独机器上运行的软件，它负责管理文件系统名称空间和控制外部客户机的访问。NameNode 决定是否将文件映射到 DataNode 的复制块上。对于最常见的 3 个复制块，第一个复制块存储在同一机架的不同节点上，最后一个复制块存储在不同机架的某个节点上。

实际的 I/O 事务并没有经过 NameNode，只有表示 DataNode 和块的文件映射的元数据经过 NameNode。当外部客户机发送请求要求创建文件时，NameNode 会以块标识和该块的第一个副本的 DataNode IP 地址作为响应。这个 NameNode 还会通知其他将要接收该块的副本的 DataNode。

NameNode 在一个称为 FsImage 的文件中存储所有关于文件系统名称空间的信息。这个文件和一个包含所有事务的记录文件(这里是 EditLog)将存储在 NameNode 的本地文件系统上。FsImage 和 EditLog 文件也需要复制副本，以防文件损坏或 NameNode 系统丢失。

NameNode 本身不可避免地具有 SPOF(Single Point Of Failure)单点失效的风险，主备模式并不能解决这个问题，通过 Hadoop Non-stop namenode 才能解决单点失效的问题。

(3) DataNode

DataNode 也是一个通常在 HDFS 实例中单独机器上运行的软件。Hadoop 集群包含一个 NameNode 和大量 DataNode。DataNode 通常以机架的形式组织，机架通过一个交换机将所有系统连接起来。Hadoop 的一个假设是：机架内部节点之间的传输速度快于机架间节点的传输速度。

DataNode 响应来自 HDFS 客户机的读写请求，同时还响应来自 NameNode 的创建、删除和复制块的命令。NameNode 依赖来自每个 DataNode 的定期心跳(heartbeat)消息。每条消息都包含一个块报告，NameNode 可以根据这个报告验证块映射和其他文件系统元数据。如果 DataNode 不能发送心跳消息，NameNode 将采取修复措施，重新复制在该节点上丢失的块。

(4) 文件操作

HDFS 并不是一个万能的文件系统，它的主要目的是支持以流的形式访问写入的大型文件。如果客户机想将文件写到 HDFS 上，首先需要将该文件缓存到本地的临时存储。如果缓存的数据大于所需的 HDFS 块大小，创建文件的请求将发送给 NameNode。NameNode 将以 DataNode 标识和目标块响应客户机，同时也通知将要保存文件块副本的 DataNode。当客户机开始将临时文件发送给第一个 DataNode 时，将立即通过管道方式将块内容转发给副本 DataNode。客户机也负责创建保存在相同 HDFS 名称空间中的校验和(checksum)文件。

在最后的文件块发送之后，NameNode 将文件创建并提交到它的持久化元数据存储(EditLog 和 FsImage 文件)。

(5) Linux 集群

Hadoop 框架可在单一的 Linux 平台上使用(开发和调试时)，官方提供 MiniCluster 作为单元测试使用，不过使用存放在机架上的商业服务器才能发挥它的力量。这些机架组成一个 Hadoop 集群，通过集群拓扑知识决定如何在整个集群中分配作业和文件。Hadoop 假定节点可能失败，因此采用本机方法处理单个计算机甚至所有机架的失败。

4. Hadoop 大数据处理的意义

Hadoop 得以在大数据处理中广泛应用，得益于其自身在数据提取、变形和加载(ETL)方面的天然优势。Hadoop 的分布式架构，将大数据处理引擎尽可能地靠近存储，对 ETL 这样的批处理操作相对合适，因为类似这样操作的批处理结果可以直接进行存储。Hadoop 的 MapReduce 功能实现了将单个任务打碎，并将碎片任务(Map)发送到多个节点上，之后再以单个数据集的形式加载(Reduce)到数据仓库里。

【3】任务实施

(1) 在 master 主机上创建 Hadoop 对应的安装目录/usr/hadoop，如图 1-40 所示。

```
[root@master zookeeper3.4]# cd /usr/
[root@master usr]# ls
bin  etc  games  include  java  lib  lib64  libexec  local  sbin  s
[root@master usr]# mkdir -p hadoop
[root@master usr]# ls
bin  etc  games  hadoop  include  java  lib  lib64  libexec  local
[root@master usr]# 
```

图1-40 创建Hadoop安装目录

(2) 解压 Hadoop 程序文件到/usr/hadoop 目录，如图 1-41 所示。

```
[root@master usr]# tar -zxvf /opt/soft/hadoop-2.7.3.tar.gz -C /usr/hadoop/
```

图1-41 解压Hadoop程序文件

并将程序目录 hadoop-2.7.3 修改为 hadoop2.7.3，如图 1-42 所示。

```
[root@master hadoop]# ls
hadoop-2.7.3
[root@master hadoop]# mv hadoop-2.7.3/ hadoop2.7.3
[root@master hadoop]# ls
hadoop2.7.3
[root@master hadoop]# cd hadoop2.7.3
[root@master hadoop2.7.3]# ls
bin  etc  include  lib  libexec  LICENSE.txt  NOTICE.txt  README
```

图1-42 修改文件夹名称

（3）配置操作系统环境变量，修改/etc/profile 环境变量文件，在其中添加如下内容：

```
export HADOOP_HOME=/usr/hadoop/hadoop2.7.3
export CLASSPATH=$CLASSPATH:$HADOOP_HOME/lib
export PATH=$PATH:$HADOOP_HOME/bin
```

其中，HADOOP_HOME 代表 Hadoop 的安装目录，CLASSPATH 代表 Hadoop 的 jar 包所在目录，PATH 代表可执行程序所在目录，如图 1-43 所示。

```
#Hadoop Env
export HADOOP_HOME=/usr/hadoop/hadoop2.7.3
export CLASSPATH=$CLASSPATH:$HADOOP_HOME/lib
export PATH=$PATH:$HADOOP_HOME/bin
```

图1-43　修改profile环境变量文件

使用 source /etc/profile 命令使环境变量设置生效。

（4）修改 Hadoop 的 core-site.xml 文件，添加如图 1-44 所示的配置信息。

```
<!--配置NameNode在那一台服务器上-->
<property>
        <name>fs.defaultFS</name>
        <value>hdfs://master:9000</value>
</property>

<!--配置临时目录-->
<property>
        <name>hadoop.tmp.dir</name>
        <value>/usr/app/hadoop2.7.3/tmp</value>
</property>
```

图1-44　修改core-site.xml文件

（5）修改 Hadoop 的 yarn-site.xml 文件，添加如图 1-45 所示的配置信息。

```
<!--配置resourcemanager所在的主机-->
<property>
        <name>yarn.resourcemanager.hostname</name>
        <value>slave1</value>
</property>
<property>
        <name>yarn.nodemanager.aux-services</name>
        <value>mapreduce_shuffle</value>
</property>

<!--是否启动一个线程检查每个任务正使用的物理内存量，如果超出就kill-->
<property>
        <name>yarn.nodemanager.pmem-check-enabled</name>
        <value>false</value>
</property>

<!--是否启动一个线程检查每个任务正使用的虚拟内存量，如果超出就kill-->
<property>
        <name>yarn.nodemanager.vmem-check-enabled</name>
        <value>false</value>
</property>
```

图1-45　修改yarn-site.xml文件

(6)　修改 Hadoop 的 hdfs-site.xml 文件，添加如图 1-46 所示的配置信息。

```
<!--配置文件副本数量-->
<property>
        <name>dfs.replication</name>
        <value>3</value>
</property>

<!--配置SecondaryNameNode的主机与端口-->
<property>
        <name>dfs.namenode.secondary.http-address</name>
        <value>slave2:50090</value>
</property>
```

图1-46　修改hdfs-site.xml文件

(7)　修改 Hadoop 的 mapred-site.xml 文件。首先将 mapred-site.xml.template 复制为 mapred-site.xml，然后在 mapred-site.xml 中添加如图 1-47 所示的内容。

```
<configuration>

<property>
        <name>mapreduce.framework.name</name>
        <value>yarn</value>
 </property>

</configuration>
```

图1-47　配置mapred-site.xml文件

(8)　在 Hadoop 的配置文件目录下添加 slaves 文件，内容为 slave1、slave2(slave1 和 slave2 分别代表主机名)，如图 1-48 所示。

```
[root@master hadoop]# vi slaves

slave1
slave2
~
```

图1-48　配置slaves节点主机

(9)　修改 master 文件，内容为 master，如图 1-49 所示。

```
[root@master hadoop]# vi master

master
~
~
~
```

图1-49　配置master节点主机

(10) 将 master 上安装的 Hadoop 程序文件分发到 slave1、slave2 主机，命令如下：

```
scp -r /usr/hadoop/ root@slave1:/usr/
scp -r /usr/hadoop/ root@slave2:/usr/
```

(11) 在 master 主机中格式化 Hadoop。执行命令 hadoop namenode -format，可以对 Hadoop 进行格式化，如图 1-50 所示。

```
[root@master hadoop]# hadoop namenode -format
DEPRECATED: Use of this script to execute hdfs command is deprecated.
Instead use the hdfs command for it.

18/12/07 16:25:58 INFO namenode.NameNode: STARTUP_MSG:
/************************************************************
STARTUP_MSG: Starting NameNode
STARTUP_MSG:   host = master/192.168.1.250
STARTUP_MSG:   args = [-format]
STARTUP_MSG:   version = 2.7.3
STARTUP_MSG:   classpath = /usr/hadoop/hadoop2.7.3/etc/hadoop:/usr/hadoop/
-1.jar:/usr/hadoop/hadoop2.7.3/share/hadoop/common/lib/jaxb-api-2.2.2.jar:
x-api-1.0-2.jar:/usr/hadoop/hadoop2.7.3/share/hadoop/common/lib/activation
```

图1-50   格式化Hadoop

(12) 在 master 主节点启动 Hadoop，执行命令 sbin/start-all.sh sh，则可以启动 Hadoop，如图 1-51 所示。

```
[root@master hadoop2.7.3]# sbin/start-all.sh sh
This script is Deprecated. Instead use start-dfs.sh and start-yarn.sh
Starting namenodes on [master]
master: starting namenode, logging to /usr/hadoop/hadoop2.7.3/logs/hado
root@slave2's password: root@slave1's password:
slave2: starting datanode, logging to /usr/hadoop/hadoop2.7.3/logs/hado
```

图1-51   启动Hadoop

可以通过 jps 命令查看 master 主机的守候进程信息，如图 1-52 所示。

```
[root@master hadoop2.7.3]# jps
6960 QuorumPeerMain
8965 Jps
8476 SecondaryNameNode
8637 ResourceManager
8254 NameNode
[root@master hadoop2.7.3]# 
```

图1-52   master守候进程

同样，可以在 slave2 和 slave1 主机上执行 jps 命令，查看对应的守候进程，如图 1-53 所示。

```
[root@slave2 logs]# jps
8884 NodeManager
9124 Jps
8711 DataNode
7801 QuorumPeerMain
[root@slave2 logs]# 
```

图1-53   slave守候进程

(13) 查看 HDFS。首先在 HDFS 中创建一个文件夹 angel，如图 1-54 所示。

```
[root@master hadoop2.7.3]# hadoop fs -mkdir /angel
```

图1-54   在HDFS中创建一个文件夹

查看 HDFS 中的文件，如图 1-55 所示。

```
[root@master hadoop2.7.3]# hadoop fs -ls /
Found 1 items
drwxr-xr-x   - root supergroup          0 2018-12-12 10:25 /angel
[root@master hadoop2.7.3]# 
```

图1-55　查看HDFS中的文件

将本地文件上传到 HDFS 的 angel 目录下，命令如图 1-56 所示。

```
[root@master soft]# hadoop fs -put /opt/soft/hunter.txt /angel
[root@master soft]# hadoop fs -ls /angel
Found 1 items
-rw-r--r--   2 root supergroup        195 2018-12-12 10:43 /angel/hunter.txt
[root@master soft]# 
```

图1-56　向HDFS上传文件

如果要统计 hunter.txt 文件中每个单词出现的次数，可以执行如下命令：

```
hadoop jar /usr/hadoop/hadoop2.7.3/mapreduce/
hadoop-mapreduce-examples-2.7.6.jar wordcount /angel /output
```

然后查看统计结果，如图 1-57 所示。

```
[root@master soft]# hadoop fs -cat /output/part-r-00000
15      1
After   1
China.I 1
Chinese 1
Chongqing       1
```

图1-57　查看统计结果

也可以在浏览器中输入 http://192.168.1.250:50070 查看 Hadoop 的运行状态，如图 1-58 所示。

图1-58　查看Hadoop的运行状态

【4】任务拓展

如果非正常关闭主机系统，可能导致重启服务器后 Hadoop 服务无法启动，在这种情况下如何处理？分析其原因后可以考虑删除 Hadoop 数据目录下的 VERSION 文件，再重新格式化。

任务5　安装 HBase

任务 5.HBase 安装配置.mp4

【1】任务简介

本项任务主要是在已安装 CentOS 7.0 操作系统、JDK 1.8、Zookeeper 3.4.1、Hadoop 2.7.3 环境的三台主机上部署 HBase 1.2.4，并配置对应的环境变量。

【2】相关知识

1. 什么是 HBase

HBase 是一个高可靠性、高性能、面向列、可伸缩的分布式存储系统，利用 HBase 技术可在低配置 PC Server 上搭建起大规模结构化存储集群。

HBase 的目标是存储并处理海量的数据，具体来说，是仅需使用普通的硬件配置，就能够处理由成千上万的行和列所组成的海量数据。

HBase 是 Google Bigtable 的开源实现，但是也有很多不同之处。比如：Google Bigtable 使用 GFS 作为其文件存储系统，HBase 利用 Hadoop HDFS 作为其文件存储系统；Google 运行 MapReduce 来处理 Bigtable 中的海量数据，HBase 利用 MapReduce 来处理 HBase 中存放的海量数据；Google Bigtable 利用 Chubby 作为协同服务，HBase 利用 Zookeeper 作为协同服务。

相对传统关系数据库，HBase 主要有以下几方面的优势。

- 线性扩展，随着数据量增多，可以通过节点扩展进行支撑。
- 数据存储在 HDFS 上，备份机制健全。
- 通过 Zookeeper 协调查找数据，访问速度快。

2. HBase 地位

关系数据库已经流行很多年，并且 Hadoop 已经有了 HDFS 和 MapReduce，为什么需要 HBase 呢？

- Hadoop 可以很好地解决大规模数据的离线批量处理问题，但是，受限于 Hadoop MapReduce 编程框架的高延迟数据处理机制，使得 Hadoop 无法满足大规模数据实时处理应用的需求。
- HDFS 面向批量访问模式，不是随机访问模式。
- 传统的通用关系数据库无法应对在数据规模剧增时导致的系统扩展性和性能问题(分库分表也不能很好解决)。
- 传统关系数据库在数据结构发生变化时一般需要停机维护。

HBase 与传统的关系数据库的区别，主要体现在以下几个方面。

- 数据类型：关系数据库采用关系模型，具有丰富的数据类型和存储方式。HBase

则采用了更加简单的数据模型，它把数据存储为二进制格式文件。

- 数据操作：关系数据库中包含了丰富的操作，其中会涉及复杂的多表链接。HBase 操作则不存在复杂的表与表之间的关系，只有简单的插入、查询、删除、清空等，因为 HBase 在设计上就避免了复杂的表和表之间的关系。
- 存储模式：关系数据库是基于行模式存储的。HBase 是基于列存储的，每个列族都由几个文件保存，不同列族的文件是分离的。
- 数据索引：关系数据库通常可以针对不同列构建复杂的多个索引，以提高数据访问性能。HBase 只有一个索引——行键，通过巧妙的设计，HBase 中的所有访问方法，或者通过行键访问，或者通过行键扫描，从而使得整个系统不会慢下来。
- 数据维护：在关系数据库中，更新操作会用最新的当前值去替换记录中原来的旧值，旧值被覆盖后就不会存在。而在 HBase 中执行更新操作时，并不会删除数据的旧版本，而是生成一个新的版本，旧的版本仍然保留。
- 可伸缩性：关系数据库很难实现横向扩展，纵向扩展的空间也比较有限。相反，HBase 和 Bigtable 这些分布式数据库就是为了实现灵活的水平扩展而开发的，能够轻易地通过在集群中增加或者减少硬件数量来实现性能的伸缩。

3. HBase 访问接口

HBase 提供了丰富的访问接口，表 1-2 描述了 HBase 访问接口的类型、特点和应用场景。

表1-2　HBase访问接口

类　型	特　点	应用场景
Native Java API	最常规和高效的访问方式	适合 Hadoop MapReduce 作业并行处理 HBase 表数据
HBase Shell	HBase 的命令行工具，最简单的接口	适合 HBase 管理使用
Thrift Gateway	利用 Thrift 序列化技术，支持 C++、PHP、Python 等多种语言	适合其他异构系统在线访问 HBase 表数据
REST Gateway	解除了语言限制	支持 REST 风格的 Http API 访问 HBase
Pig	使用 Pig Latin 流式编程语言来处理 HBase 中的数据	适合数据统计
Hive	简单	当需要以类似 SQL 方式来访问 HBase 的时候使用

4. HBase 数据模型

HBase 是一个稀疏、多维度、排序的映射表，这张表的索引是行键、列族、列限定符和时间戳。

(1) 每个值是一个二进制格式的字符串，没有数据类型。用户在表中存储数据，每一行都有一个可排序的行键和任意多的列。

(2) 表在水平方向由一个或多个列族组成，一个列族中可以包含任意多个列，同一个列族里面的数据存储在一起。

(3) 列族支持动态扩展，可以很轻松地添加一个列族或列，无须预先定义列的数量以及类型，所有列均以字符串形式存储，用户需要进行数据类型转换。

(4) HBase 中执行更新操作时，并不会删除旧的数据版本，而是生成一个新的版本，旧的版本仍然保留(这是和 HDFS 只允许追加不允许修改的特性相关的)。HBase 表由多行记录组成，行以行键为唯一索引值进行标识，每行又包含多列，同类的列叫列族，其版本更新如图 1-59 所示。

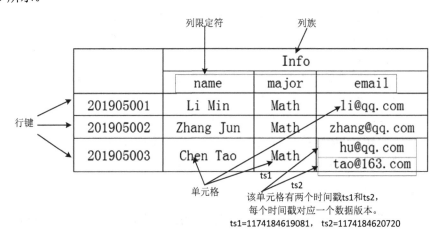

图1-59　HBase表版本更新

具体解释如下。

- 表：HBase 采用表来组织数据，表由行和列组成，列划分为若干列族。
- 行：每个 HBase 表都由若干行组成，每个行由"行键"(row key)来标识。
- 列族：一个 HBase 表被分组成许多"列族"(column family)，它是基本的访问控制单元。
- 列限定符：列族里的数据通过列限定符(或列)来定位。
- 单元格：在 HBase 表中，通过行、列族和列限定符确定一个"单元格"(cell)，单元格中存储的数据没有数据类型，总被视为字节数组 byte[]。
- 时间戳：每个单元格都保存着同一份数据的多个版本，这些版本用时间戳进行索引。

5. HBase 的实现原理

(1) HBase 的实现包括三个主要的功能组件。

- 库函数：链接到每个客户端。
- 一个 Master 主服务器。
- 多个 Region 服务器。

主服务器 Master 负责管理和维护 HBase 表的分区信息，维护 Region 服务器列表，分配 Region，均衡负载。

Region 服务器负责存储和维护分配给自己的 Region，处理来自客户端的读写请求。

客户端并不是直接从 Master 主服务器上读取数据，而是在获得 Region 的存储位置信息后，直接从 Region 服务器上读取数据。

客户端并不依赖 Master，而是通过 Zookeeper 来定位位置信息，大多数客户端甚至从来不和 Master 通信，这种设计方式使得 Master 负载很小。

(2) 表和 Region。

一个 HBase 表被划分成多个 Region，其关系如图 1-60 所示。

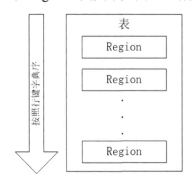

图1-60　HBase表与Region的关系

开始只有一个 Region，后台不断分裂。Region 拆分速度非常快，接近瞬间，因为拆分之后 Region 读取的仍然是原存储文件，直到在"合并"过程把存储文件异步写到独立的文件，才会读取新文件，如图 1-61 所示。

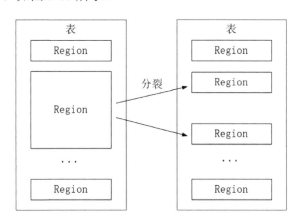

图1-61　Region的分裂过程

(3) Region 的定位。

元数据表，又名.META.表，存储了 Region 和 Region 服务器的映射关系。当 HBase 表很大时，.META.表也会被分裂成多个 Region。

根数据表，又名-ROOT-表，记录所有元数据的具体位置。-ROOT-表只有唯一一个 Region，名字是在程序中被写死的。Zookeeper 文件记录了-ROOT-表的位置。

HBase 的三层结构如图 1-62 所示。

● 为了加速寻址，客户端会缓存位置信息，同时需要解决缓存失效问题。

● 寻址过程中，客户端只需要询问 Zookeeper 服务器，不需要连接 Master 服务器。

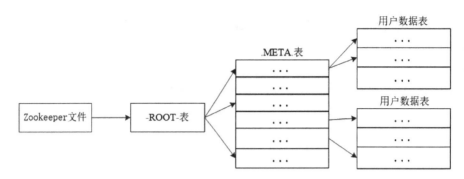

图1-62　HBase三层结构

6. HBase 系统架构

HBase 系统架构如图 1-63 所示。

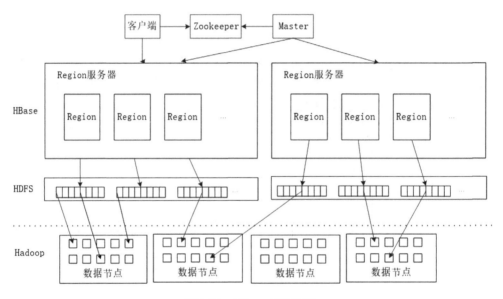

图1-63　HBase系统架构

(1) 客户端

客户端包含访问 HBase 的接口，同时在缓存中维护着已经访问过的 Region 位置信息，用来加快后续数据访问过程。

(2) Zookeeper 服务器

Zookeeper 可以帮助选举出一个 Master 作为集群的总管，并保证在任何时刻总有唯一一个 Master 在运行，这就避免了 Master 的"单点失效"问题。Zookeeper 服务器结构如图 1-64 所示。

(3) Master 服务器

主服务器 Master 主要负责表和 Region 的管理工作，内容包括如下。

● 管理用户对表的增加、删除、修改、查询等操作。

● 实现不同 Region 服务器之间的负载均衡。

● 在 Region 分裂或合并后，负责重新调整 Region 的分布。

● 对发生故障、失效的 Region 服务器上的 Region 进行迁移。

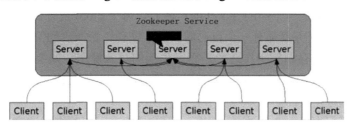

图1-64　Zookeeper服务器结构

(4) Region 服务器

Region 服务器是 HBase 中最核心的模块，负责维护分配给自己的 Region，并响应用户的读写请求。Region 服务器工作原理如图 1-65 所示。

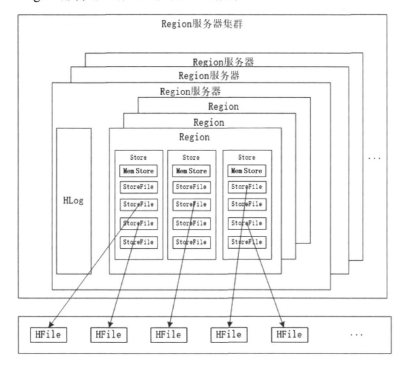

图1-65　Region服务器工作原理

Region 服务器向 HDFS 中读写数据的过程如下。

① 用户读写数据的过程。

● 用户写入数据时，被分配到相应的 Region 服务器中去执行。

● 用户数据首先被写入 MemStore 和 HLog 中。

● 只有当操作写入 HLog 之后，commit() 调用才会将其返回给客户端。

● 当用户读取数据时，Region 服务器首先访问 MemStore 缓存，如果找不到，再去磁盘上的 StoreFile 中寻找。

② 缓存的刷新。

● 系统会周期性地把 MemStore 缓存里的内容刷写到磁盘的 StoreFile 中，清空缓存，并在 HLog 里面写入一个标记。

- 每次刷写都生成一个新的 StoreFile，因此，每个 Store 包含多个 StoreFile。
- 每个 Region 服务器都有一个自己的 HLog 文件，每次启动都检查该文件，确认最近一次执行缓存刷新操作之后是否发生新的写入操作。如果发生更新，则先写入 MemStore，再刷写到 StoreFile，最后删除旧的 HLog 文件，开始为用户提供服务。

③ StoreFile 的合并。

- 每次刷写都生成一个新的 StoreFile，因数量太多，影响查找速度。
- 调用 Store.compact() 把多个 StoreFile 合并成一个 StoreFile。
- 合并操作比较耗费资源，只有数量达到一个阈值才启动合并。

7. 在 HBase 之上构建 SQL 引擎

NoSQL 区别于关系数据库的一点就是 NoSQL 不使用 SQL 作为查询语言，至于为何在 HBase 上提供 SQL 接口，有如下原因。

- 易使用。使用 SQL 这样易于理解的语言，人们能够更加轻松地使用 HBase。
- 减少编码。使用 SQL 这样更高层次的语言来编码，减少了编写的代码量。

解决方案：Hive 整合 HBase。Hive 与 HBase 的整合功能从 Hive 0.6.0 版本已经开始出现，利用两者对外的 API 接口互相通信，通信主要依靠 hive_HBase-handler.jar 工具包(Hive Storage Handlers)。由于 HBase 有过一次比较大的版本变动，所以并不是每个版本的 Hive 都能和现有的 HBase 版本进行整合，在使用过程中要特别注意两者版本的一致性。

8. 构建 HBase 二级索引

HBase 只有一个针对行键的索引。访问 HBase 表中的行，只有以下三种方式。

- 通过单个行键访问。
- 通过一个行键的区间来访问。
- 全表扫描。

也可以使用其他产品为 HBase 行键提供索引功能，如：

- Hindex 二级索引；
- HBase+Redis；
- HBase+Solr。

【3】任务实施

(1) 在 master 主机上建立 HBase 的安装目录/usr/HBase，将/opt/soft 目录下的 HBase 安装文件解压到安装路径中。

```
mkdir /usr/HBase
tar -zxvf /opt/soft/HBase-1.2.4-bin.tar.gz -C /usr/HBase/
```

修改 HBase 程序文件的目录名，如图 1-66 所示。

```
[root@master hbase]# ls
hbase-1.2.4
[root@master hbase]# mv hbase-1.2.4/ hbase1.2.4
[root@master hbase]# ls
hbase1.2.4
```

图1-66　修改HBase程序文件目录名

(2)　修改配置文件 conf/HBase-env.sh，添加如下内容，如图 1-67 所示。

```
export HBASE_MANAGES_ZK=false
export JAVA_HOME=/usr/java/jdk1.8/
export HBASE_CLASSPATH=/usr/hadoop/hadoop2.7.3/etc/hadoop
```

图1-67　修改HBase-env.sh配置文件

注意：一个分布式运行的 HBase 依赖一个 Zookeeper 集群，所有的节点和客户端都必须能够访问 Zookeeper。默认情况下，HBase 会管理一个 Zookeeper 集群，即 HBase 默认自带一个 Zookeeper 集群。这个集群会随着 HBase 的启动而启动。而在实际的商业项目中，通常自己管理一个 Zookeeper 集群更便于优化配置、提高集群工作效率，但是需要配置 HBase。修改 conf/HBase-env.sh 里面的 HBASE_MANAGES_ZK 能实现切换，这个值默认是 true，作用是让 HBase 启动的时候同时启动 Zookeeper。在本书中，采用独立运行 Zookeeper 集群的方式，故将其属性修改为 false。

(3)　修改文件 conf/hbase-site.xml，添加如图 1-68 所示的配置信息。

```xml
<!--指定HBase在HDFS上存储的路径-->
<property>
    <name>hbase.rootdir</name>
    <value>hdfs://master:9000/hbase</value>
</property>
<!--指定HBase是分布式的-->
<property>
    <name>hbase.cluster.distributed</name>
    <value>true</value>
</property>
<!--指定zk的地址，多个用逗号分隔-->
<property>
    <name>hbase.zookeeper.quorum</name>
    <value>master,slave1,slave2</value>
</property>
```

图1-68　修改hbase-site.xml配置文件

注意：要想运行完全分布式模式，将属性 hbase.cluster.distributed 设置为 true，然后把 hbase.rootdir 设置为 HDFS 的 NameNode 的位置。hbase.rootdir 目录是 Region Server 的共享目录，用来持久化 HBase。

hbase.cluster.distributed 用于设置 HBase 的运行模式，false 是单机模式，true 是分布式模式。若为 false，HBase 和 Zookeeper 会运行在同一个 JVM 里。

(4)　配置 conf/regionservers，即指定 Region 服务器的节点名称，如图 1-69 所示。

在这里列出了希望运行的全部 HRegionServer，一行写一个 host。列在这里的 server 会随集群的启动而启动，随集群的停止而停止。

图1-69　修改regionservers配置文件

(5) 将 Hadoop 配置文件 hdfs-site.xml 和 core-site.xml 复制到 HBase 的 conf 目录下：

```
cp /usr/hadoop/hadoop2.7.3/etc/hadoop/hdfs-site.xml .
cp /usr/hadoop/hadoop2.7.3/etc/hadoop/core-site.xml .
```

(6) 将 master 主机上的 HBase 程序文件分发到 slave1、slave2 主机上：

```
scp -r /usr/hbase/ root@slave1:/usr/
scp -r /usr/hbase/ root@slave2:/usr/
```

(7) 修改 master、slave1、slave2 三台主机的环境变量，在/etc/profile 中增加如下内容：

```
export HBASE_HOME=/usr/hbase/hbase1.2.4
export PATH=$PATH:$HBASE_HOME/bin
```

然后通过 source /etc/profile 命令让环境变量配置生效。

(8) 运行 HBase。master 主机上 Zookeeper 和 Hadoop 已经启动的情况下，执行 bin/start-hbase.sh 命令启动 HBase，如图 1-70 所示。

```
[root@master /]# cd /usr/hbase/hbase1.2.4/
[root@master hbase1.2.4]# bin/start-hbase.sh
starting master, logging to /usr/hbase/hbase1.2.4/logs/hbase-root-ma
Java HotSpot(TM) 64-Bit Server VM warning: ignoring option PermSize=
Java HotSpot(TM) 64-Bit Server VM warning: ignoring option MaxPermSi
slave2: starting regionserver, logging to /usr/hbase/hbase1.2.4/bin/
slave1: starting regionserver, logging to /usr/hbase/hbase1.2.4/bin/
slave2: Java HotSpot(TM) 64-Bit Server VM warning: ignoring option P
slave2: Java HotSpot(TM) 64-Bit Server VM warning: ignoring option M
slave1: Java HotSpot(TM) 64-Bit Server VM warning: ignoring option P
slave1: Java HotSpot(TM) 64-Bit Server VM warning: ignoring option M
```

图1-70　启动HBase

通过 jps 命令可以看到 master 主机上已经启动了 HMaster 进程，如图 1-71 所示。

```
[root@master hbase1.2.4]# jps
2226 QuorumPeerMain
16771 HMaster
10420 NameNode
10804 ResourceManager
17028 Jps
10631 SecondaryNameNode
[root@master hbase1.2.4]#
```

图1-71　查看master主机上HBase进程

在 slave1 和 slave2 子节点上可以看到 HRegionServer 进程，如图 1-72 所示。

```
[root@slave1 hbase1.2.4]# jps
4900 DataNode
9624 Jps
5035 NodeManager
9406 HRegionServer
2175 QuorumPeerMain
[root@slave1 hbase1.2.4]#
```

图1-72　查看slave主机上HBase进程

(9) 访问 master 的 HBase Web 界面，如图 1-73 所示。HBase Web 界面 URL 地址为 http://192.168.1.250:16010/master-status。

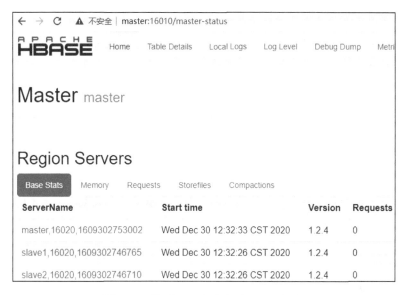

图1-73　通过Web方式查看HBase状态

(10) 进入 HBase 交互界面，查看状态和版本，如图 1-74 所示。查看 HBase 状态，输入命令：status，如图 1-75 所示。关闭 HBase 服务，执行命令：./stop-hbase.sh，如图 1-76 所示。

```
[root@master hbase1.2.4]# hbase shell
SLF4J: Class path contains multiple SLF4J bindings.
SLF4J: Found binding in [jar:file:/usr/hbase/hbase1.2.4/lib/slf4j-log4j12
SLF4J: Found binding in [jar:file:/usr/hadoop/hadoop2.7.3/share/hadoop/co
aticLoggerBinder.class]
SLF4J: See http://www.slf4j.org/codes.html#multiple_bindings for an expla
SLF4J: Actual binding is of type [org.slf4j.impl.Log4jLoggerFactory]
HBase Shell; enter 'help<RETURN>' for list of supported commands.
Type "exit<RETURN>" to leave the HBase Shell
Version 1.2.4, r67592f3d062743907f8c5ae00dbbe1ae4f69e5af, Tue Oct 25 18:1

hbase(main):001:0>
```

图1-74　进入HBase交互界面

```
hbase(main):008:0> status
1 active master, 1 backup masters, 2 servers, 0 dead, 2.0000 average load

hbase(main):009:0>
```

图1-75　查看HBase状态

```
root@master:/usr/hbase/hbase-1.2.4/bin# ./stop-hbase.sh
stopping hbase.................
root@master:/usr/hbase/hbase-1.2.4/bin# jps
2452 SecondaryNameNode
16774 Jps
2222 NameNode
2030 QuorumPeerMain
2623 ResourceManager
root@master:/usr/hbase/hbase-1.2.4/bin# []
```

图1-76　关闭HBase服务

【4】任务拓展

HBase 作为基于 Hadoop 的列式数据库，在成功启动 HBase 服务后，进入 HBase 交互界面，尝试创建表(并列族名)和插入、删除数据。

任务 6　安装 Spark

任务 6.Spark 安装配置.mp4

【1】任务简介

本项任务主要是在已安装 CentOS 7.0 操作系统、JDK 1.8、Zookeeper 3.4.1、Hadoop 2.7.3 环境的三台主机上部署 Spark 2.1.3，并配置对应的环境变量。

【2】相关知识

Apache Spark 是专为大规模数据处理而设计的快速通用的计算引擎。Spark 是 UC Berkeley AMP Lab(加州大学伯克利分校的 AMP 实验室)所开源的类 Hadoop MapReduce 的通用并行计算框架。Spark 拥有 Hadoop MapReduce 所具有的优点；但不同于 MapReduce 的是，中间输出结果可以保存在内存中，从而不再需要读写 HDFS 分布式文件系统，因此 Spark 能更好地适用于数据挖掘与机器学习等需要迭代的 MapReduce 算法。

Spark 包含了大数据领域常见的各种计算框架，比如：

- Spark Core，用于离线计算；
- Spark SQL，用于交互式查询；
- Spark Streaming，用于实时流式计算；
- Spark MLlib，用于机器学习；
- Spark GraphX，用于图计算。

Spark 主要用于大数据的计算，而 Hadoop 主要用于大数据的存储(比如 HDFS、Hive、HBase 等)，以及资源调度(Yarn)。Spark+Hadoop 的组合，是未来大数据领域最热门的组合，也是最有前景的组合。

【3】任务实施

(1)　下载二进制包 spark-2.1.3-bin-hadoop2.7.tgz，然后放入 master 主机的/opt/soft 目录。

(2)　在/usr 目录下创建 spark 目录，命令如下：

```
mkdir spark
```

(3)　将/opt/soft 目录下的 spark-2.1.3-bin-hadoop2.7.tgz 解压到/usr/spark 目录下，命令如下：

```
tar -zxvf spark-2.1.3-bin-hadoop2.7 -C /usr/spark/
```

(4)　修改 spark-2.1.3-bin-hadoop2.7 的目录名，将其修改成 spark2.1，命令如下：

```
mv spark-2.1.3-bin-hadoop2.7 spark2.1
```

(5)　修改环境变量配置文件/etc/profile，并在配置文件中增加如下内容：

```
export SPARK_HOME=/usr/spark/spark2.1
export PATH=$PATH:$SPARK_HOME/bin
```

然后让环境变量生效，命令如下：

```
source /etc/profile
```

(6)　修改 Spark 的配置文件。在 Spark 的 conf 目录下，复制 spark-env.sh.template 并改名为 spark-env.sh，命令如下：

```
cp spark-env.sh.template spark-env.sh
```

然后在 spark-env.sh 文件中添加如下内容：

```
export JAVA_HOME=/usr/java/jdk1.8
export HADOOP_HOME=/usr/hadoop/hadoop-2.7.3
export HADOOP_CONF_DIR=/usr/hadoop/hadoop-2.7.3/etc/hadoop
export SPARK_MASTER_IP=192.168.1.250
export SPARK_MASTER_HOST=192.168.1.250
export SPARK_LOCAL_IP=192.168.1.250
export SPARK_WORKER_MEMORY=1g
export SPARK_WORKER_CORES=2
export SPARK_HOME=/usr/spark/spark2.1
export SPARK_DIST_CLASSPATH=$(/usr/hadoop/hadoop-2.7.3/bin/hadoop classpath)
```

修改 master 主机上 spark-env.sh 环境变量配置文件，如图 1-77 所示。

图1-77　修改master主机上spark-env.sh环境变量配置文件

(7)　复制 slaves.template 并改名为 slaves 文件，命令如下：

```
cp slaves.template slaves
```

在此文件中增加如下内容，如图 1-78 所示。

```
master
slave1
slave2
~
```

图1-78 修改slaves文件

将 master 主机上配置好的 spark 文件复制分发到 slave1 和 slave2 节点上，命令如下：

```
scp -r /usr/spark/ root@slave1:/usr/
scp -r /usr/spark/ root@slave2:/usr/
```

(8) 修改 slave1 和 slave2 主机的/etc/profile 配置文件，在文件中增加如下配置：

```
export SPARK_HOME=/usr/spark/spark2.1
export PATH=$PATH:$SPARK_HOME/bin
```

然后修改 slave1 和 slave2 主机的 spark-env.sh 配置文件，将 export SPARK_LOCAL_IP=192.168.1.250 改成 slave1 和 slave2 对应节点的 IP，如图 1-79 所示。

```
root@slave1:/usr/spark/spark2.1/conf# cat spark-env.sh
#!/usr/bin/env bash
export JAVA_HOME=/usr/java/jdk1.8
export HADOOP_HOME=/usr/hadoop/hadoop-2.7.3
export HADOOP_CONF_DIR=/usr/hadoop/hadoop-2.7.3/etc/hadoop
export SPARK_MASTER_IP=192.168.1.250
export SPARK_MASTER_HOST=192.168.1.250
export SPARK_LOCAL_IP=192.168.1.251
export SPARK_WORKER_MEMORY=1g
export SPARK_WORKER_CORES=2
export SPARK_HOME=/usr/spark/spark2.1
export SPARK_DIST_CLASSPATH=$(/usr/hadoop/hadoop-2.7.3/bin/hadoop classpath)
root@slave1:/usr/spark/spark2.1/conf# 
```

图1-79 修改slave主机上spark-env.sh环境变量配置文件

(9) 在 master 主机上启动 Spark 集群。在 master 的 Spark 程序目录下执行命令：sbin/start-all.sh，如图 1-80 所示。

```
[root@master spark]# sbin/start-all.sh
starting org.apache.spark.deploy.master.Master, log
-org.apache.spark.deploy.master.Master-1-master.out
slave1: starting org.apache.spark.deploy.worker.Wor
ark-root-org.apache.spark.deploy.worker.Worker-1-sl
slave2: starting org.apache.spark.deploy.worker.Wor
ark-root-org.apache.spark.deploy.worker.Worker-1-sl
[root@master spark]#
[root@master spark]# jps
9025 Master
9089 Jps
7491 NameNode
7332 QuorumPeerMain
7589 DataNode
7882 NodeManager
```

图1-80 启动Spark服务

这样，在 master 主机上增加了 Master 进程，在 slave1 和 slave2 主机上增加了 Worker 进程，如图 1-81 所示。

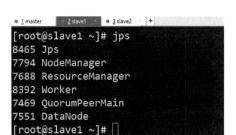

图1-81　查看Spark进程

Spark 的 Web 访问地址为 http://192.168.1.250:8080/，如图 1-82 所示。

图1-82　用Web方式查看Spark运行状态

【4】任务拓展

尽管 Spark 提供了基于 Java、Python 等语言的接口，但其实 Spark 是基于 Scala 语言开发的，原因是 Scala 在支持代码重构和解决并发处理方面表现突出。因此在部署和配置完毕 Spark 后，读者可以尝试安装 Scala 2.11，以便于后期的 Spark 开发。

任务 7　安装 Sqoop

【1】任务简介

任务 7.Sqoop 安装配置.mp4

本项任务主要是在已安装 CentOS 7.0 操作系统、JDK 1.8、Zookeeper 3.4.1、Hadoop 2.7.3 环境的 master 主机上部署 Sqoop 1.99，并配置对应的环境变量。

【2】相关知识

Sqoop 是一款开源的工具，主要用于 Hadoop 与传统的关系数据库(如 MySQL、Oracle、Postgres 等)进行数据传递，可以将一个关系数据库中的数据导入 Hadoop 的 HDFS，也可以将 HDFS 的数据导入关系数据库。

Sqoop 项目开始于 2009 年，最早是作为 Hadoop 的一个第三方模块存在。后来为了让使用者能够快速部署，也为了让开发人员能够更快速地迭代开发，Sqoop 独立成为一个 Apache 项目。

【3】任务实施

(1) 将 sqoop-1.99.5-bin-hadoop200.tar.gz 上传到 slave2 主机的/opt/soft 目录下，然后在 slave2 主机的/usr 目录下创建 sqoop 目录，再将 sqoop 程序解压到/usr/sqoop 目录，命令如下：

```
tar -zxvf sqoop-1.99.5-bin-hadoop200.tar.gz -C /usr/sqoop/
```

然后修改 sqoop 的文件夹名为 sqoop1.99，命令如下：

```
mv /usr/sqoop / sqoop-1.99.5-bin-hadoop200 /usr/sqoop1.99
```

(2) 修改环境变量文件/etc/profile，在此文件中添加如下内容，如图 1-83 所示。

图1-83　修改profile环境变量文件

然后使配置文件生效，命令如下：

```
source /etc/profile
```

(3) 修改文件/usr/sqoop/sqoop1.99/server/conf/sqoop.properties，主要修改以下内容：

```
org.apache.sqoop.submission.engine.mapreduce.configuration.directory=
/usr/hadoop/hadoop-2.7.3/etc/hadoop/
org.apache.sqoop.security.authentication.type=SIMPLE
org.apache.sqoop.security.authentication.handler=
org.apache.sqoop.security.authentication.SimpleAuthenticationHandler
org.apache.sqoop.security.authentication.anonymous=true
```

(4) 修改/usr/hadoop/hadoop-2.7.3/etc/hadoop/目录下的 core-site.xml 文件，在文件中添加如下内容：

```
<property>
        <name>hadoop.proxyuser.$SERVER_USER.hosts</name>
        <value>*</value>
</property>
<property>
        <name>hadoop.proxyuser. $SERVER_USER.groups</name>
        <value>*</value>
</property>
```

同时修改/usr/hadoop/hadoop2.7.3/etc/hadoop/container-executor.cfg 文件，在文件中添加如下内容：

```
allowed.system.users=root
```

(5)　修改/usr/sqoop/sqoop1.99/server/conf/catalina.properties 文件，将 Hadoop 的 jar 位置加到 Sqoop 中。

(6)　在 Sqoop 的安装目录下创建 extra 目录，将 MySQL 的 java 驱动包复制到此目录下，如图 1-84 所示。

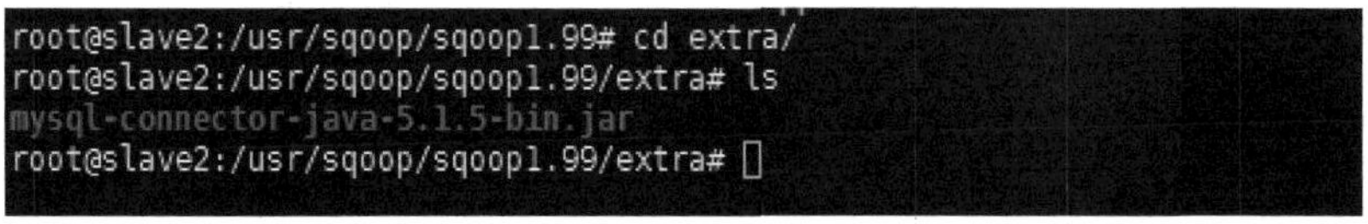

图1-84　复制MySQL的jar包到extra目录

并在/etc/profile 文件中添加如下配置：

```
export SQOOP_SERVER_EXTRA_LIB=$SQOOP_HOME/extra
```

然后用 source /etc/profile 命令让配置文件生效。

(7)　使用命令 sqoop2-tool verify 进行验证，正确的验证结果如图 1-85 所示。

图1-85　验证Sqoop是否成功安装

(8)　启动/停止 Sqoop 服务器端程序，执行命令：

```
./ sqoop.sh server start
```

或

```
stop
```

启动 Sqoop 客户端程序，执行命令：

```
./sqoop.sh client
```

或

```
sqoop2-shell
```

结果如图 1-86 所示。

```
root@slave2:/usr/sqoop/sqoop1.99/bin# ./sqoop.sh client
Sqoop home directory: /usr/sqoop/sqoop1.99
Sqoop Shell:      Type 'help' or '\h' for help.

sqoop:000> □
```

图1-86   启动Sqoop客户端程序

设置交互的命令行打印更多信息，使打印的异常信息更多，命令如下：

```
set option --name verbose --value true
```

连接 Sqoop，其中 slave2 是需要连接的 Sqoop 主机名，命令如下：

```
set server --host slave2 --port 12000--webapp sqoop
```

查看连接，命令如下：

```
show version -all
```

执行命令：

```
show server - all
```

显示结果如图 1-87 所示。

```
root@slave2:/usr/sqoop/sqoop1.99/bin# ./sqoop.sh client
Sqoop home directory: /usr/sqoop/sqoop1.99
Sqoop Shell:      Type 'help' or '\h' for help.

sqoop:000> set option --name verbose --value true
Verbose option was changed to true
sqoop:000> set server --host slave2 --port 12000 --webapp sqoop
Server is set successfully
sqoop:000> show server --all
Server host: slave2
Server port: 12000
Server webapp: sqoop
sqoop:000> □
```

图1-87   Sqoop交互界面

【4】任务拓展

在安装和配置 Sqoop 工具完毕后，进入 Sqoop 交互界面，尝试将 MySQL 数据库的数据导入 Hadoop 的 HDFS 文件系统中或将 HDFS 文件系统中的数据迁移到 MySQL 数据库中。

任务 8   安装 Flume

【1】任务简介

任务 8.Flume 安装配置.mp4

本项任务主要是在已安装 CentOS 7.0 操作系统、JDK 1.8、Zookeeper 3.4.1、Hadoop 2.7.3 环境的 master 主机上部署 Flume 1.6，并配置对应的环境变量。

【2】相关知识

Flume 是 Cloudera 提供的一个高可用、高可靠、分布式的海量日志采集、聚合和传输系统。Flume 支持在日志系统中定制各类数据发送方,用于收集数据;同时提供对数据进行简单处理并写到各种数据接收方(可定制)的能力。

Flume 主要由三个重要的组件构成,如图 1-88 所示。

(1) Source:完成对日志数据的收集,分成 Transtion 和 Event 写入 Channel 中。

(2) Channel:主要提供一个队列的功能,对 Source 提供的数据进行简单的缓存。

(3) Sink:取出 Channel 中的数据,存入相应的存储文件系统、数据库,或者提交到远程服务器。

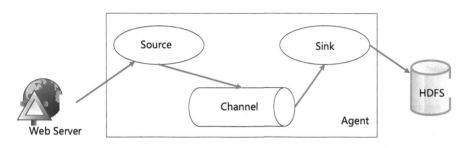

图1-88　Flume运行图

Flume 逻辑上分三层架构:Agent、Collector、Storage。Agent 用于采集数据,是 Flume 中产生数据流的地方,同时 Agent 会将产生的数据流传输到 Collector。Collector 的作用是将多个 Agent 的数据汇总后,加载到 Storage 中。Storage 是存储系统,可以是一个普通文件,也可以是 HDFS、Hive、HBase 等。

Flume 的架构主要有以下几个核心概念。

● Event:一个数据单元,带有一个可选的消息头。

● Flow:Event 从源点到达目的点迁移的抽象。

● Client:操作位于源点处的 Event,将其发送到 Flume Agent。

● Agent:一个独立的 Flume 进程,包含组件 Source、Channel、Sink。

● Source:用来消费传递到该组件的 Event。

● Channel:中转 Event 的一个临时存储,保存 Source 组件传递过来的 Event。

● Sink:从 Channel 中读取并移除 Event,将 Event 传递到 Flow Pipeline 中的下一个 Agent。

【3】任务实施

(1) 安装 Flume。首先将 apache-flume-1.6.0-bin.tar.gz 上传到 master 主机的/opt/soft 目录下,再在/usr 目录下创建 flume 目录,然后执行如下命令,将 Flume 安装程序进行解压。

```
tar -zxvf /opt/soft/apache-flume-1.6.0-bin.tar.gz -C /usr/flume/
```

将 apache-flume-1.6.0-bin 目录修改为 flume1.6。

(2) 修改/etc/profile 环境变量文件,在文件中添加如下内容:

```
export FLUME_HOME=/usr/flume/flume1.6
export FLUME_CONF_DIR=$FLUME_HOME/conf
export PATH=$PATH:$FLUME_HOME/bin
```

然后让配置文件生效，命令如下：

```
source /etc/profile
```

（3）配置 flume-env.sh。在/usr/flume/flume1.6/conf 目录下，通过复制 flume-env.sh.template 生成一个新的 flume-env.sh，然后在文件中添加如下内容：

```
export JAVA_HOME=/usr/java/jdk1.8
```

（4）验证安装是否成功，执行命令：

```
./flume-ng version
```

如果出现以下错误，如图 1-89 所示，注释掉 HBase-env.sh 里的 HBASE-CLASSPATH 就可以了。

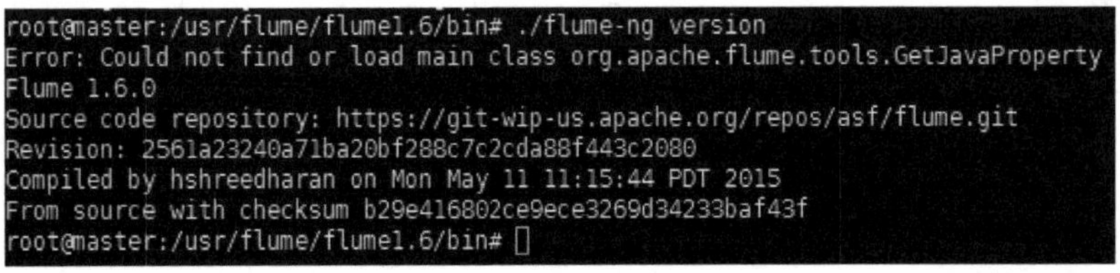

图1-89　Flume运行错误状态

或修改为：

```
JAVA_CLASSPATH=.:$JAVA_HOMR/lib/dt.jar:$JAVA_HOME/lib/tools.jar:$JAVA_
HOME/jre/lib
```

然后再执行命令：

```
./flume-ng version
```

出现如图 1-90 所示界面则代表成功。

图1-90　Flume运行成功状态

【4】任务拓展

在配置完 Flume 组件后，配置一个代理，尝试去监控 Linux 系统的某一个目录。当此目录下的文件内容增加时，利用 Flume 工具将文件里增加的内容实时读取到 HDFS 中。

项目 2

数据仓库构建

📖【知识目标】

1. 了解数据仓库的基本概念；
2. 了解数据仓库的特点；
3. 了解数据仓库的建立过程。

📖【技能目标】

1. 熟练掌握在 Linux 环境下安装 MySQL；
2. 熟练掌握在 Linux 环境下安装 Hive；
3. 熟练掌握 Hive 数据仓库的基础配置。

🔑【教学重点】

1. 数据仓库理论基础；
2. Hive 数据仓库的安装配置；
3. Linux 环境下 MySQL 的安装与配置。

🖥️【教学难点】

1. Hive 数据仓库的安装配置；
2. Linux 环境下 MySQL 的安装配置。

第 2 章 数据仓库构建.ppt

【项目知识】

知识 2.1 数 据 仓 库

2.1.1 数据仓库的基本概念

数据仓库，英文名称为 Data Warehouse，可简写为 DW 或 DWH。数据仓库是为企业各级别的决策制定过程提供所需数据类型支持的战略集合。它是单个数据存储，出于分析性报告和决策支持目的而创建，可为需要智能业务的企业提供业务流程改进指导，监视时间、成本、质量以及控制。

数据仓库的输入方是各种各样的数据源，最终的输出用于企业的数据分析、数据挖掘、数据报表等方向。其体系结构如图 2-1 所示。

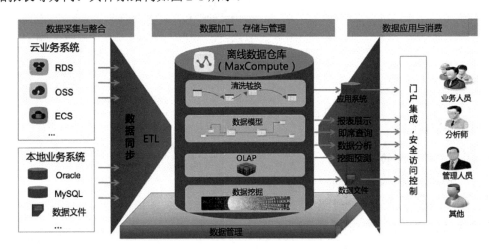

图2-1　数据仓库体系结构

2.1.2 数据仓库的特点

(1) 主题性：不同于传统数据库对应于某一个或多个项目，数据仓库根据使用者实际需求，将不同数据源的数据在一个较高的抽象层次上进行整合，所有数据都围绕某一主题来组织。比如对于滴滴出行，"司机行为分析"就是一个主题；对于链家网，"成交分析"就是一个主题。

(2) 集成性：数据仓库中存储的数据是来源于多个数据源的集成，原始数据来自不同的数据源，存储方式各不相同。要整合成为最终的数据集合，需要将数据源经过一系列抽取、清洗、转换的过程。

(3) 稳定性：数据仓库中保存的数据是一系列历史快照，不允许被修改。用户只能通过分析工具进行查询和分析。

(4) 时变性：数据仓库会定期接收新的集成数据，反映出最新的数据变化。

2.1.3　数据仓库的建立过程

数据仓库的建立过程包括数据源的整理、数据抽取、转换、装载，最终使数据进入数据仓库，具体过程如图 2-2 所示。

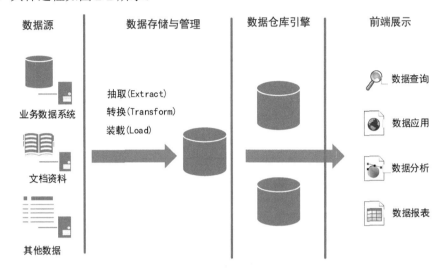

图2-2　数据仓库的建立过程

也可理解为，通过对数据源的数据进行 ETL 处理，将处理的数据再加载进数据仓库，最后利用数据分析和挖掘工具为决策者提供各种决策支持数据。

ETL 的英文全称是 Extract-Transform-Load，用来描述将数据从来源迁移到目标的几个过程。

(1) Extract：数据抽取，也就是把数据从数据源读出来。

(2) Transform：数据转换，把原始数据转换成期望的格式和维度。如果在数据仓库的场景下，Transform 也包含数据清洗，即清洗掉噪声数据。

(3) Load：数据加载，把处理后的数据加载到目标处，比如数据仓库。

知识 2.2　Hadoop 环境下数据仓库的组件介绍

2.2.1　Hadoop+MySQL+Hive 数据仓库的架构

基于 Hadoop 的数据仓库通常采用 HDFS 作为数据存储基础，MapReduce 作为计算基础，MySQL 作为元数据存储基础，Hive 作为数据分析基础，因此这一组合形成的架构如图 2-3 所示。

在基于 Hadoop+MySQL+Hive 数据仓库的架构中，Hadoop 主要解决数据存储问题，MySQL 主要解决元数据存储，Hive 主要作为数据查询分析工具，将 HQL 转换成 Hadoop 的 MapReduce 程序。

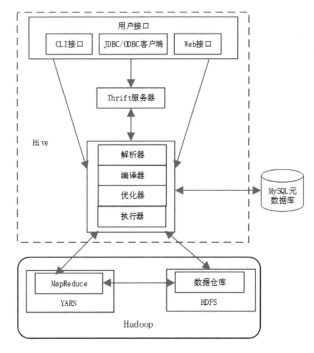

图2-3　Hadoop+MySQL+Hive数据仓库的结构

2.2.2　MySQL 介绍

　　MySQL 是一个关系数据库管理系统，由瑞典 MySQL AB 公司开发，目前属于 Oracle 旗下产品。MySQL 是最流行的关系数据库管理系统之一，在 Web 应用方面，MySQL 是最好的 RDBMS(Relational Database Management System，关系数据库管理系统)应用软件之一。

　　MySQL 是一种关系数据库管理系统。关系数据库将数据保存在不同的表中，而不是将所有数据放在一个大仓库内，这样就提高了速度及灵活性。

　　MySQL 所使用的 SQL 是用于访问数据库的最常用标准化语言。MySQL 软件采用了双授权政策，分为社区版和商业版，由于其体积小、速度快、总体拥有成本低，尤其是开放源代码这一特点，一般中小型网站和中小型应用系统的开发都选择 MySQL 作为数据库。

　　MySQL 数据库的特点和优势如下。

　　(1)　性能卓越、服务稳定，很少出现异常宕机。

　　(2)　开放源代码且无版权制约，自主性强，使用成本低。

　　(3)　历史悠久，用户使用活跃，遇到问题可以寻求帮助。

　　(4)　体积小，安装方便，易于维护。

　　(5)　口碑效应好，社区资料丰富。

　　(6)　支持多种操作系统，提供多种 API 接口，支持多种开发语言，包括 Java、C#、PHP、Python 等。

2.2.3　Hive 介绍

　　Hive 是基于 Hadoop 构建的一套数据仓库分析系统，它提供了丰富的 SQL 查询方式来分析存储在 Hadoop 中的数据,可以将结构化的数据文件映射为一张数据库表,并提供完整的 SQL 查询功能;可以将 SQL 语句转换为 MapReduce 任务运行,通过自己的 SQL 查询分析需要的内容,这套 SQL 又称 Hive SQL(简称 HQL),不熟悉 MapReduce 的用户可以很方便地利用其查询、汇总和分析数据。而 MapReduce 开发人员可以把自己写的 mapper 和 reducer 作为插件以支持 Hive 做更复杂的数据分析。它与关系数据库的 SQL 略有不同,但支持了绝大多数的语句,如 DDL、DML,以及常见的聚合函数、连接查询、条件查询。

因此,使用 Hive 而不直接使用 MapReduce 的优点如下。

● 更友好的接口:接口操作采用类 SQL 的语法,提供快速开发能力。

● 更低的学习成本:避免写 MapReduce,减少开发人员的学习成本。

● 更低的扩展性:可自由扩展集群规模而无须重启服务,还支持用户自定义函数。

Hive 的架构如图 2-4 所示。

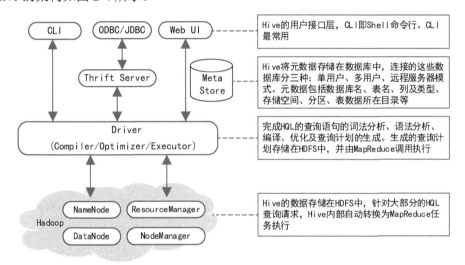

图2-4　Hive的内部架构

从图 2-4 中可以看出,Hive 的内部架构由四部分组成。

1. 用户接口:Shell/CLI,JDBC/ODBC,Web UI Command Line Interface

(1) CLI(Command Line Interface):Shell 终端命令行,采用交互形式使用 Hive,命令行与 Hive 进行交互。

(2) JDBC/ODBC:是 Hive 基于 JDBC 操作提供的客户端,开发或运维人员通过 JDBC/ODBC 连接至 Hive 服务。

(3) Web UI:通过浏览器访问 Hive。

2. 跨语言服务:Thrift Server 提供了一种能力,让用户可以使用多种不同的语言来操作 Hive

Thrift 是 Facebook 公司开发的一个软件框架,可以用来进行可扩展且跨语言服务的开发。Hive 集成了该服务,能让不同的编程语言调用 Hive 的接口。

3. 底层的 Driver：Driver(驱动器)，Compiler(编译器)，Optimizer(优化器)，Executor(执行器)

Driver 组件完成 HQL 查询语句从词法分析、语法分析、编译、优化，以及生成逻辑执行计划。生成的逻辑执行计划存储在 HDFS 中，并随后由 MapReduce 调用执行。

Hive 的核心是驱动引擎，驱动引擎由四部分组成。

(1) 驱动器：将 HQL 语句转换为抽象语法树(AST)。

(2) 编译器：将语法树编译为逻辑执行计划。

(3) 优化器：对逻辑执行计划进行优化。

(4) 执行器：调用底层的运行框架执行逻辑执行计划。

4. 元数据存储系统：RDBMS MySQL

元数据，通俗地讲，就是存储在 Hive 中的数据的描述信息。Hive 中的元数据通常包括：表的名字、表的列和分区及其属性，表的属性(内部表和外部表)，表的数据所在目录等。

【项目实施】

任务 1 安装 MySQL 数据库

【1】任务简介

任务 1.安装 MySQL.mp4

本项任务主要是在已安装 CentOS 7.0 操作系统的 slave1 主机上部署 MySQL 5.7，并配置对应的环境变量。

【2】相关知识

MySQL 是当今最流行的关系数据库系统之一，由于其开源、小型、跨平台、性能卓越等特性，目前被业界广泛使用。

MySQL 包括 MySQL Server 和 MySQL Client 两部分。要保证 MySQL 的正常使用，必须先安装 MySQL Server，并保证其服务的正常启动。

【3】任务实施

(1) 将 MySQL 安装源文件复制到 slave1 主机的/opt/soft 目录下。安装源文件，命令如下：

```
rpm -ivh mysql57-community-release-el7-8.noarch.rpm
```

执行安装命令，如图 2-5 所示。

```
[root@slave2 soft]# rpm -ivh mysql57-community-release-el7-8.noarch.rpm
警告: mysql57-community-release-el7-8.noarch.rpm: 头V3 DSA/SHA1 Signature, 密钥
准备中...                          ################################# [100%]
正在升级/安装...
   1:mysql57-community-release-el7-8  ################################# [100%]
```

图2-5 复制MySQL安装源

查看是否有包，执行命令：cd /etc/yum.repos.d，如图 2-6 所示。

```
[root@slave2 soft]# cd /etc/yum.repos.d
[root@slave2 yum.repos.d]# ls
CentOS-Base.repo    CentOS-Debuginfo.repo  CentOS-Media.repo    CentOS-Vault.repo        mysql-community-source.repo
CentOS-CR.repo      CentOS-fasttrack.repo  CentOS-Sources.repo  mysql-community.repo
[root@slave2 yum.repos.d]#
```

图2-6　查看安装包

安装 MySQL，执行命令：yum -y install mysql-community-server，如图 2-7 所示。

```
[root@slave2 yum.repos.d]# yum -y install mysql-community-server
已加载插件: fastestmirror, langpacks
Loading mirror speeds from cached hostfile
 * base: mirrors.nju.edu.cn
 * extras: mirrors.aliyun.com
 * updates: mirrors.nju.edu.cn
base
extras
mysql-connectors-community
mysql-tools-community
mysql57-community
updates
(1/3): mysql-connectors-community/x86_64/primary_db
(2/3): mysql-tools-community/x86_64/primary_db
(3/3): mysql57-community/x86_64/primary_db
正在解决依赖关系
--> 正在检查事务
---> 软件包 mysql-community-server.x86_64.0.5.7.24-1.el7 将被 安装
--> 正在处理依赖关系 mysql-community-common(x86-64) = 5.7.24-1.el7, 它被软件包 my
要
--> 正在处理依赖关系 mysql-community-client(x86-64) >= 5.7.9, 它被软件包 mysql-cc
--> 正在检查事务
---> 软件包 mysql-community-client.x86_64.0.5.7.24-1.el7 将被 安装
```

图2-7　安装MySQL

(2) 启动 MySQL 服务。重载所有修改过的配置文件，命令如下：

```
systemctl daemon-reload
```

开启 MySQL 服务，命令如下：

```
systemctl start mysqld
```

开机自启 MySQL 服务，命令如下：

```
systemctl enable mysqld
```

(3) 安装完毕，在/var/log/mysqld.log 文件中会自动生成一个随机密码，可以通过如下命令获取随机密码。

```
grep 'temporary password' /var/log/mysqld.log
```

执行命令，结果如图 2-8 所示。

```
[root@slave1 ~]# grep 'temporary password' /var/log/mysql
2020-03-07T10:56:22.294047Z 1 [Note] A temporary password
: k2qhqHji-otj
[root@slave1 ~]#
```

图2-8　获取随机密码

然后利用随机密码登录 MySQL，命令如下：

```
mysql - uroot -p
```

(4) 设置 MySQL 的密码安全策略。

设置密码强度为低级，命令为 set global validate_password_policy=0。

设置密码长度，命令为 set global validate_password_length=4。

修改 root 密码，命令为 set password= password('123456')。

修改 root 密码，结果如图 2-9 所示。

```
mysql> set password=password('123456');
Query OK, 0 rows affected (0.00 sec)

mysql>
```

图2-9 修改root密码

(5) 设置远程登录。

以新密码登录 MySQL，命令为 mysql －uroot －p123456。

创建用户，命令为 create user 'root'@'%' identified by '123456'。

创建用户操作如图 2-10 所示。

```
mysql> create user 'root'@'%' identified by '123456';
Query OK, 0 rows affected (0.00 sec)

mysql> 
```

图2-10 创建用户

允许远程连接，命令为：grant all privileges on *.* to 'root'@'%' with grant option，如图 2-11 所示。

```
mysql> grant all privileges on *.* to 'root'@'%' with grant option;
Query OK, 0 rows affected (0.00 sec)

mysql> 
```

图2-11 设置远程连接

然后刷新权限，命令为 flush privileges，操作如图 2-12 所示。

```
mysql> flush privileges;
Query OK, 0 rows affected (0.00 sec)

mysql> 
```

图2-12 刷新权限

【4】任务拓展

在完成 MySQL 数据库服务器，并启动 MySQL 服务后，尝试在另外的计算机上安装 Navicat for MySQL 工具软件，并利用 Navicat for MySQL 连接 slave1 服务器上的 MySQL 数据库。

任务 2　安装 Hive

任务 2.安装 Hive.mp4

【1】任务简介

　　本项任务主要是在已安装 CentOS 7.0 操作系统、JDK 1.8、Zookeeper 3.4.1、Hadoop 2.7.3 环境的 salve1 主机上部署 Hive 2.1.2，并配置对应的环境变量。

【2】相关知识

　　Hive 本身是建立在 Hadoop 体系结构上的数据仓库基础构架，可以将结构化的数据文件映射为一张数据库表，并提供完整的 SQL 语句，再把 SQL 语句转换成 MapReduce 程序提交给 Hadoop 集群完成相关处理任务。它提供了一系列的工具，可以用来进行数据抽取、转换、加载(ETL)，是一种可以存储、查询和分析存储在 Hadoop 中的大规模数据的机制。Hive 定义了简单的类 SQL 查询语言，称为 HQL，它允许熟悉 SQL 的用户查询数据。同时，HQL 也允许熟悉 MapReduce 的开发者开发自定义的 Mapper 和 Reducer 程序来处理内建的 Mapper 和 Reducer 无法完成的复杂的分析工作。

　　Hive 是 SQL 解析引擎，它将 SQL 语句转译成 MapReduce Job，然后在 Hadoop 上执行。

　　Hive 的表其实就是 HDFS 的目录/文件，按表名把文件夹分开。如果是分区表，则分区值是子文件夹，可以直接在 MapReduce Job 里使用这些数据。

　　Hive 的设计目的是让精通 SQL 技能(Java 编程能力相对较弱)的分析师能够对放在 HDFS 上的海量数据集进行查询。目前企业都把它当作一个通用的可伸缩的数据处理平台。

【3】任务实施

　　Hive 安装的策略是在 slave1 主机上安装 Hive 客户端。

(1)　在 slave1 主机上创建 Hive 的安装目录/usr/hive，解压 Hive 程序文件，命令如下：

```
tar -zxvf /opt/soft/hive-2.1.1-bin.tar.gz -C /usr/hive/
```

然后修改 Hive 的程序文件夹，将 Hive 程序文件夹修改为 hive2.1.1，如图 2-13 所示。

```
[root@slave1 soft]# cd /usr/hive/
[root@slave1 hive]# ls
apache-hive-2.1.1-bin
[root@slave1 hive]# mv apache-hive-2.1.1-bin/ hive2.1.1
[root@slave1 hive]# ls
hive2.1.1
[root@slave1 hive]#
```

图2-13　建立安装目录

(2)　修改环境变量文件/etc/profile，添加如下内容：

```
export HIVE_HOME=/usr/hive/hive2.1.1
export PATH=$PATH:$HIVE_HOME/bin
```

修改环境变量操作如图 2-14 所示。

```
#Hive Env
export HIVE_HOME=/usr/hive/hive2.1.1
export PATH=$PATH:$HIVE_HOME/bin


"/etc/profile" 103L, 2366C
```

图2-14　修改环境变量

然后使环境变量生效，命令如下：

```
source /etc/profile
```

(3) 将 salve2 主机中 MySQL 的 mysql-connector-java-5.1.5-bin.jar 文件复制到 slave1 中 hive 的 lib 目录下。

(4) 修改 slave1 主机中的 hive-env.sh 文件，在文件中添加如下内容，如图 2-15 所示。

```
HADOOP_HOME=/usr/hadoop/hadoop2.7.3
```

```
# Set HADOOP_HOME to point to a specific hadoop install directory
HADOOP_HOME=/usr/hadoop/hadoop2.7.3
```

图2-15　修改主机hive-env.sh文件

(5) 修改 hive-site.xml 文件，在文件中添加如图 2-16 所示的配置信息。

```
<?xml version="1.0" encoding="UTF-8"?>
<?xml-stylesheet type="text/xsl" href="configuration.xsl"?>
<!--
  Licensed under the Apache License, Version 2.0 (the "License");
  you may not use this file except in compliance with the License.
  You may obtain a copy of the License at

    http://www.apache.org/licenses/LICENSE-2.0

  Unless required by applicable law or agreed to in writing, software
  distributed under the License is distributed on an "AS IS" BASIS,
  WITHOUT WARRANTIES OR CONDITIONS OF ANY KIND, either express or implied.
  See the License for the specific language governing permissions and
  limitations under the License. See accompanying LICENSE file.
-->

<!-- Put site-specific property overrides in this file. -->

<configuration>

<property>
    <name>hive.metastore.warehouse.dir</name>
    <value>/user/hive_remote/warehouse</value>
</property>
```

图2-16　修改hive-site.xml文件

(6) 在 slave1 主机(Hive 客户端)上启动 Hive 客户端，执行命令：bin/hive，如图 2-17 所示。

```
[root@master hive2.1.1]# bin/hive
SLF4J: Class path contains multiple SLF4J bindings.
SLF4J: Found binding in [jar:file:/usr/hive/hive2.1.1/lib/log4j-slf4j-i
]
SLF4J: Found binding in [jar:file:/usr/hadoop/hadoop2.7.3/share/hadoop/
aticLoggerBinder.class]
SLF4J: See http://www.slf4j.org/codes.html#multiple_bindings for an exp
SLF4J: Actual binding is of type [org.apache.logging.slf4j.Log4jLoggerF

Logging initialized using configuration in jar:file:/usr/hive/hive2.1.1
nc: true
Hive-on-MR is deprecated in Hive 2 and may not be available in the futu
ne (i.e. spark, tez) or using Hive 1.X releases.
hive>
```

图2-17　启动Hive客户端

(7) 在 hive 提示符下输入 "show databases;"，测试是否启动成功，如图 2-18 所示。

```
hive> show databases;
OK
default
Time taken: 0.641 seconds, Fetched: 1 row(s)
hive>
```

图2-18 测试是否启动成功

【4】任务拓展

尝试启动 Hive Shell 客户端，思考如何在 Hive 数据仓库中创建一个数据库，如何在该数据库中创建一张表，并在表中插入数据。

项目 3

Java 访问 Hadoop 实践

📖 【知识目标】

1. 了解 HDFS 基础知识;
2. 了解 HDFS 的 Java 访问接口;
3. 掌握 Java 访问 HDFS 的主要编程步骤;
4. 掌握 MapReduce 的核心思想;
5. 掌握 MapReduce 的离线编程模型。

📖 【技能目标】

1. 掌握 Java 开发环境的搭建;
2. 掌握 HDFS Java 开发知识;
3. 掌握 MapReduce 离线计算编程知识。

🔑 【教学重点】

1. HDFS Java 访问接口;
2. HDFS Java 编程;
3. MapReduce 离线编程框架。

🖥 【教学难点】

MapReduce 离线编程。

第 3 章 Java 访问
Hadoop 实践.ppt

【项目知识】

知识 3.1　HDFS 基础知识

3.1.1　HDFS 的基本概念

HDFS 即 Hadoop 分布式文件系统(Hadoop Distributed File System)，以流式数据访问模式来存储超大文件，运行于商用硬件集群上，是管理网络中跨多台计算机存储的文件系统。

HDFS 不适合用在：要求低时间延迟数据访问的应用，存储大量的小文件，多用户写入，随机修改文件的场景。

HDFS 上的文件被划分为一定大小的块，又称为 Block，作为独立的存储单元，称为数据块，在 Hadoop 1.X 版本中默认的大小是 64MB，在 Hadoop 2.X 版本中默认的大小是 128MB。

HDFS 包含三个重要的节点：Namenode、Datanode、Secondary Namenode。

- Namenode：HDFS 的守护进程，用来管理文件系统的命名空间，负责记录文件是如何分割成数据块，以及这些数据块分别被存储到哪些数据节点上，它的主要功能是对内存及 IO 进行集中管理。
- Datanode：文件系统的工作节点，根据需要存储和检索数据块，并且定期向 Namenode 发送它们所存储的块的列表。
- Secondary Namenode：辅助后台程序，与 Namenode 进行通信，以便定期保存 HDFS 元数据的快照。

3.1.2　HDFS 的 Java 访问接口

(1) org.apache.hadoop.fs.FileSystem
这是一个通用的文件系统 API，提供了不同文件系统的统一访问方式。

(2) org.apache.hadoop.fs.Path
这是 Hadoop 文件系统中统一的文件或目录描述，类似于 java.io.File 对本地文件系统的文件或目录描述。

(3) org.apache.hadoop.conf.Configuration
这是读取、解析配置文件(如 core-site.xml/hdfs-default.xml/hdfs-site.xml 等)，或添加配置的工具类。

(4) org.apache.hadoop.fs.FSDataOutputStream
用于对 Hadoop 中数据输出流的统一封装。

(5) org.apache.hadoop.fs.FSDataInputStream
用于对 Hadoop 中数据输入流的统一封装。

3.1.3　Java 访问 HDFS 主要编程步骤

(1)　构建 Configuration 对象，读取并解析相关配置文件。命令如下：

```
Configuration conf=new Configuration();
```

(2)　设置相关属性。命令如下：

```
conf.set("fs.defaultFS","hdfs://NameNode 节点 IP:9000");
```

(3)　获取特定文件系统实例 fs(以 HDFS 文件系统为例)。命令如下：

```
FileSystem fs=FileSystem.get(new URI("hdfs:// NameNode 节点 IP:9000"),conf,
"hdfs");
```

(4)　通过文件系统实例 fs 进行文件操作(以删除文件实例)。命令如下：

```
fs.delete(new Path("/angel/me.txt"));
```

知识 3.2　MapReduce 基础知识

3.2.1　MapReduce 概述

MapReduce 是 Hadoop 的三大组件(HDFS、MapReduce、YARN)之一。HDFS 主要解决数据存储，YARN 主要作用是资源调度和管理，而 MapReduce 是一个分布式计算框架，用于编写批处理应用程序。编写好的程序可以提交到 Hadoop 集群上，用于并行处理大规模的数据集。MapReduce 作业将输入的数据集拆分为独立的块，这些块由 Map 以并行的方式进行处理，框架对 Map 的输出进行排序，然后输入 Reduce 中。MapReduce 框架专门用于<key, value>键值对处理，它将作业的输入视为一组<key, value>对，并生成一组<key, value>对作为输出。输入和输出的 key 和 value 都必须实现 Writable 接口。

3.2.2　MapReduce 编程模型

这里以词频统计为例进行说明，MapReduce 处理流程如图 3-1 所示。

(1)　Input：读取文本文件。

(2)　Splitting：将文件按照行进行拆分，此时得到的 K1 表示行数的偏移量，V1 表示对应行的文本内容。

(3)　Mapping：并行将每一行按照空格进行拆分，拆分得到 List(K2,V2)，其中，K2 代表每一个单词，由于是做词频统计，所以 V2 的值为 1，代表出现 1 次。

(4)　Shuffling：由于 Mapping 操作可能是在不同的机器上并行处理的，所以需要通过 Shuffling 将相同 key 值的数据分发到同一个节点上合并，这样才能统计出最终的结果，此时得到 K2 为每一个单词，List(V2)为可迭代集合，V2 就是 Mapping 中的 V2。

(5)　Reducing：这里的案例是统计单词出现的总次数，所以 Reducing 对 List(V2)进行归约束和操作，最终输出。

MapReduce 编程模型中 Splitting 和 Shuffling 操作都是由框架实现的，需要编程实现的只有 Mapping 和 Reducing，这也就是 MapReduce 这个称呼的来源。

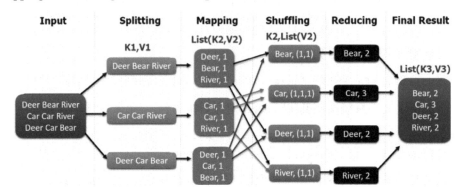

图3-1　MapReduce处理流程

3.2.3　MapReduce 编程组件

MapReduce 编程模型提供了六个编程组件。

(1) InputFormat 组件：主要用于描述输入数据的格式，它提供两个功能，分别是数据切分和为 Mapper 提供输入数据。

(2) Mapper 组件：Hadoop 提供的 Mapper 类是实现 Map 任务的一个抽象基类，该基类提供了一个 map()方法。

(3) Combiner 组件：Combiner 组件的作用就是对 Map 阶段输出的重复数据先做一次合并计算，然后把新的<key, value>作为 Reduce 阶段的输入。

(4) Partitioner 组件：Partitioner 组件可以让 Map 对 Key 进行分区，从而可以根据不同的 Key 分发到不同的 Reduce 中去处理，其目的就是将 Key 均匀分布在 ReduceTask 上。

(5) Reducer 组件：Map 过程输出的键值对，将由 Reducer 组件进行合并处理，最终以某种形式的结果输出。

(6) OutputFormat 组件：OutputFormat 是一个用于描述 MapReduce 程序输出格式和规范的抽象类。

【项目实施】

任务 1　基础开发环境准备

【1】任务简介

任务 1.基础开发环境准备.mp4

本项任务主要是在 Windows 环境下准备好 Eclipse 基础开发环境，并新建一个 Java 项目，然后将 Hadoop 相关的 jar 包导入所建的项目中。

【2】相关知识

(1) 在 Windows 环境下安装 JDK 1.8，并设置好 JAVA_HOME、Path、CLASSPATH 基本环境变量。

(2) 下载 Eclipse，并解压到指定目录。

【3】任务实施

在 Eclipse 中创建一个 Java 项目，项目名为 Hadoop HDFS，并导入 hadoop/common 目录下的 jar，如图 3-2 和图 3-3 所示。

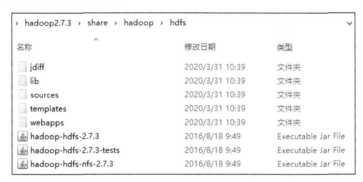

图3-2 查看jar文件

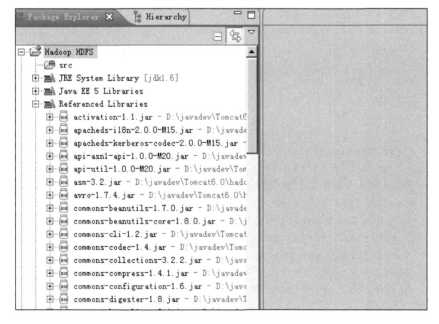

图3-3 导入jar文件结果

任务 2　HDFS Java 程序开发

任务 2 .HDFS Java 程序开发.mp4

【1】任务简介

本项任务主要实现通过 Java 程序访问 HDFS 接口，在 HDFS 的目录下创建文件、文件上传/下载、读取文件的内容和删除文件。

【2】相关知识

掌握 HDFS 的常用接口及接口调用的方式。

【3】任务实施

(1) 创建一个 DownloadFile 类，在 main 方法中实现从 HDFS 中下载/angel 目录下的 hunter.txt 文件，代码如下：

```java
import org.apache.hadoop.conf.Configuration;
import org.apache.hadoop.fs.FileSystem;
import org.apache.hadoop.fs.Path;
import org.apache.hadoop.io.IOUtils;
import java.io.FileOutputStream;
import java.io.InputStream;
import java.io.OutputStream;
import java.net.URI;
/**
 * 下载 HDFS 中的文件
 * @author Hunter
 * @created 2021-06-15
 */
public class DownloadFile {
    public static void main(String[] args) throws Exception{
//FileSystem 是一个抽象类,因此我们在使用它的时候要先创建 FileSystem 的实现类(工具类)
    FileSystem fs=FileSystem.get(new URI("hdfs://192.168.1.250:9000"),
            new Configuration());
        InputStream is=fs.open(new Path("/angel/hunter.txt"));
        OutputStream out=new FileOutputStream("D://hunter.txt");
        IOUtils.copyBytes(is, out, 4096,true);
        System.out.println("下载完毕! ");
    }
}
```

运行结果如图 3-4 所示。

```
12 /**
13  * 从HDFS中下载文件
14  * Created by Hunter
15  */
16 public class DownloadFile {
17     public static void main(String[] args) throws  Exception{
18         //FileSystem是一个抽象类，因此我们在使用它的时候要先创建FileSystem的实现类(工具类)
19         FileSystem fs = FileSystem.get(new URI("hdfs://192.168.1.250:9000")
20         InputStream is = fs.open(new Path("/angel/me.txt"));
21         OutputStream out = new FileOutputStream("D://me.txt");
22         IOUtils.copyBytes(is,out,4096,true);
23         System.out.println("下载完成");
24     }
25 }
```

```
⚑ Markers ☐ Properties ⑱ Servers ☷ Data Source Explorer ☷ Snippets ▣ Console ☒ ☰ Progress ⚘ Search
<terminated> DownloadFile [Java Application] D:\javadev\jdk1.8\jre1.8\bin\javaw.exe (2018年12月14日 下午2:57:15)
log4j:WARN No appenders could be found for logger (org.apache.hadoop.util.Shell).
log4j:WARN Please initialize the log4j system properly.
log4j:WARN See http://logging.apache.org/log4j/1.2/faq.html#noconfig for more info.
下载完成
```

图3-4　运行结果

(2) 创建一个 UploadFile 类，实现将本地文件 stu.xls 上传到 Hadoop 文件系统中，代码
如下：

```
package com.cqcvc.util;

import org.apache.hadoop.conf.Configuration;
import org.apache.hadoop.fs.FileSystem;
import org.apache.hadoop.fs.Path;
import org.apache.hadoop.io.IOUtils;
import java.io.FileInputStream;
import java.io.InputStream;
import java.io.OutputStream;
import java.net.URI;
/**
 * 上传文件到 HDFS 文件系统
 * @author Hunter
 */
public class UploadFile {
    public static void main(String[] args) throws  Exception{
        FileSystem fs = FileSystem.get(new URI("hdfs://192.168.1.250:9000"),
            new Configuration(),"root");
        //读取本地文件系统，并创建输入流
        InputStream in = new FileInputStream("E://stu.xls");
        //在 HDFS 上创建一个文件返回输出流
        OutputStream out = fs.create(new Path("/angel/stu.xls"));
        //将输入流写到输出流，buffersize 是 4kB，即每读 4kB 数据返回一次，写完返回 true
        IOUtils.copyBytes(in,out,4096,true);
        System.out.println("上传文件到 HDFS 成功!");
    }
}
```

(3) 创建 DeleteFile 类，实现将 HDFS 文件系统中的指定文件删除，具体代码如下：

```java
package com.cqcvc.util;

import org.apache.hadoop.conf.Configuration;
import org.apache.hadoop.fs.FileSystem;
import org.apache.hadoop.fs.Path;
import java.net.URI;
/**
 * 从 HDFS 文件系统的指定文件
 * @author Hunter
 */
public class DeleteFile {
    public static void main(String[] args) throws Exception{
        FileSystem fs = FileSystem.get(new URI("hdfs://192.168.1.250:9000"),
            new Configuration(),"root");
        //递归删除，如果是文件夹，并且文件夹中有文件的话就填写 true，否则填写 false
        boolean flag =fs.delete(new Path("/angel/stu.xls"),true);
        System.out.println(flag);
    }
}
```

(4) 创建 MkDir 类，实现在 HDFS 文件系统中创建一个子目录，具体代码如下：

```java
package com.cqcvc.util;

import org.apache.hadoop.conf.Configuration;
import org.apache.hadoop.fs.FileSystem;
import org.apache.hadoop.fs.Path;
import java.net.URI;
/**
 * 创建文件夹
 * @author Hunter
 */
public class MkDir {
    public static void main(String[] args)throws Exception{
        FileSystem fs = FileSystem.get(new URI("hdfs://192.168.1.250:9000"),
            new Configuration(),"root");
        //测试创建一个文件夹，在 HDFS 上创建一个名为 spring 的文件夹
        boolean flag = fs.mkdirs(new Path("/spring"));
        System.out.println(flag);
    }
}
```

(5) 创建 ReadFile 类，实现读取 HDFS 文件系统中指定文件的内容，具体代码如下：

```java
package com.cqcvc.util;

import java.io.BufferedReader;
```

```java
import java.io.InputStream;
import java.io.InputStreamReader;
import java.net.URI;
import org.apache.hadoop.conf.Configuration;
import org.apache.hadoop.fs.FileSystem;
import org.apache.hadoop.fs.Path;
import org.apache.hadoop.io.IOUtils;
/**
 * 读取 HDFS 文件系统中文件的内容
 * @author Hunter
 */
public class ReadFile {

    public static void main(String[] args) throws Exception{
        String uri = "/output/part-r-00000";
        FileSystem fs = FileSystem.get(new URI("hdfs://192.168.1.250:9000"),
            new Configuration(),"root");
        //判断文件是否存在
        if(!fs.exists(new Path(uri))) {
            System.out.println("Error ; 文件不存在.");
            return;
        }
        InputStream in = null;
        try {
            in = fs.open(new Path(uri));
            BufferedReader bf =new BufferedReader(new InputStreamReader
                (in,"GB2312"));//防止中文乱码
            //复制到标准输出流
            IOUtils.copyBytes(in, System.out, 4096,false);
            String line = null;
            while((line = bf.readLine()) != null){
                System.out.println(line);
            }
        }catch (Exception e) {
            e.printStackTrace();
        }finally {
            IOUtils.closeStream(in);
        }
    }
}
```

【4】任务拓展

在熟悉了 HDFS 文件系统的基本访问接口后，请尝试利用 DistributedFileSystem 和 DataNodeInfo 获取 HDFS 集群节点信息和查找某个文件在集群中的位置信息。

任务 3　基于 HDFS 实现网络云盘开发

任务 3.基于 HDFS 实现

网络云盘开发.mp4

【1】任务简介

本项任务主要基于 Hadoop HDFS 存储平台，结合 Java Web 开发知识，调用 HDFS API 开发网络云盘管理系统，实现文档的存储和管理。

在本任务中，系统用户登录账号、密码等信息存储于 MySQL 数据中，用户登录系统后上传的个人文档存储于 HDFS 文件系统中。

因此，本任务的总体业务需求和业务逻辑如下。

(1) 用户进入系统主页，如果没有账号则先注册账号，将个人注册信息写入 MySQL 数据库，并以账号名为目录名在 HDFS 文件系统的根目录下创建子目录。

(2) 用户根据账号、密码登录系统，进入系统操作主界面，实现个人文档的浏览、上传、下载、删除等功能。

【2】相关知识

HDFS(Hadoop Distributed File System)是 Hadoop 的三大组件(HDFS、MapReduce、YARN)之一，其中 HDFS 主要解决大数据的存储，来源于 Google FileSystem，它奠定了大数据存储基础。

HDFS 采用了主从(Master/Slave)结构模型，一个 HDFS 集群是由一个 Namenode 和若干个 Datanode 组成的。其中，Namenode 作为主服务器，管理文件系统的命名空间和客户端对文件的访问操作；集群中的 Datanode 管理存储的数据。

HDFS 的体系结构如图 3-5 所示。

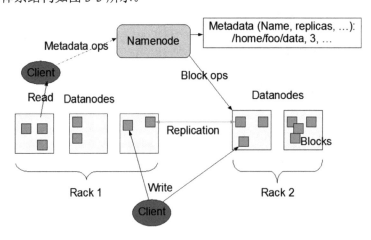

图3-5　HDFS体系结构

在 Hadoop 2.X 版本中，默认的 Namenode 只有一个，因此容易导致单点故障；Datanode 有多个，数据块存储于 Datanode 中，在集群环境中数据块默认是备份 3 份，因此容错性较好。

高职高专立体化教材　计算机系列

【3】任务实施

(1)　在创建网络云盘系统项目前，在 Eclipse 中设置项目 Workspace 的 encoding 为 UTF-8，如图 3-6 所示。

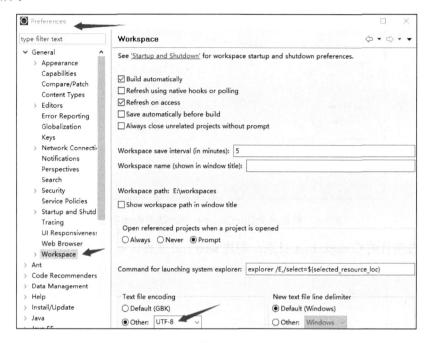

图3-6　设置项目编码

(2)　设置 JSP 页面的字符编码为 UTF-8，如图 3-7 所示。

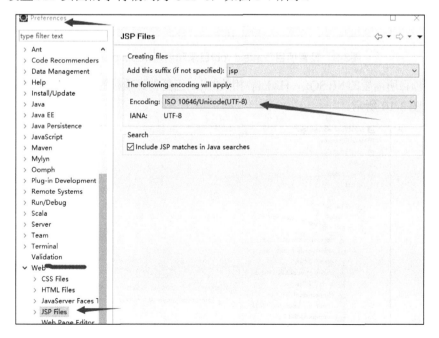

图3-7　设置JSP页面字符编码

（3）在 Eclipse 开发工具中创建 Dynamic Web Project，项目名称为 DocCloud，如图 3-8 所示。

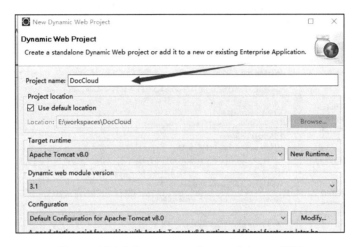

图3-8　创建名为DocCloud的Java动态Web项目

（4）设置项目的 Context root 目录，创建 web.xml 文件，如图 3-9 所示。

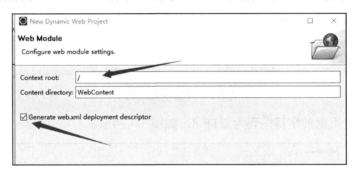

图3-9　设置项目Context root目录和创建web.xml文件

（5）将项目所需要的MySQL、Hadoop 相关的 jar 包复制到项目的 WebContent\WEB-INF\lib 目录下，如图 3-10 所示。

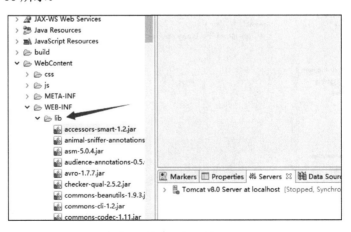

图3-10　添加项目所需要的jar包

（6）创建存储用户登录信息的库和表结构，在 MySQL 中创建数据库 DocCloud，字符集为 utf8—UTF-8 Unicode，整理为 utf8_general_ci，然后在 DocCloud 库中创建名为 user 的表，zh 代表账号字段，mm 代表密码字段，表结构如图 3-11 所示。

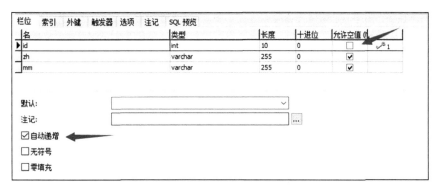

图3-11　创建user表结构

（7）设计用户注册页面 reg.jsp，页面核心代码如下。

```
<form action="/RegServlet" method="post">
<table class="list">
<tr>
<td width="50%" align="right">用 户 名:</td><td
align="left"><input type="text" name="zhanghao"></td>
</tr>
<tr>
<td width="50%" align="right">密    码:</td><td
align="left"><input type="password" name="mima"></td>
</tr>
<tr>
<td width="50%" align="right">确认密码:</td><td align="left"><input
type="password" name="remima"></td>
</tr>
<tr>
<td colspan="2"><input type="submit" value="注册" class="btn"></td>
</tr>
</table>
</form>
```

（8）在项目 src 下创建名为 com.cqcvc.uti 的包，并在包中创建 ConnDB.java 类，该类主要实现 MySQL 数据库中 user 表数据的增、删、查、改等操作，核心的方法用于实现用户注册、登录。具体代码如下。

```
package com.cqcvc.util;

import java.sql.Connection;
import java.sql.DriverManager;
import java.sql.ResultSet;
import java.sql.SQLException;
```

```java
import java.sql.Statement;
import java.sql.PreparedStatement;

public class ConnDB {
    static Connection conn=null;
    static Statement stmt=null;
    static PreparedStatement pstmt=null;;
    static ResultSet rs=null;
    static {
    try {
        //加载驱动
        Class.forName("com.mysql.jdbc.Driver");
        //创建连接
            conn=DriverManager.getConnection("jdbc:mysql://localhost:3306/
            cloudpan?useUnicode=true&characterEncoding=UTF-8","root","123456");
        } catch (Exception e) {
            System.out.println("连接数据库时发生异常:"+e.toString());
        }
    }

    /**
     * @param zhanghao
     * @param mima
     * @return
     */
    public boolean login(String zhanghao,String mima) {
     String sql = "select * from panuser where zh=? and mm=?";
     boolean loginOk=false;
        try {
            pstmt =conn.prepareStatement(sql);
            pstmt.setString(1, zhanghao);
            pstmt.setString(2, mima);
            rs = pstmt.executeQuery();
            if(rs.next()){
                loginOk=true;
            }
        } catch (SQLException e) {
            System.out.println("验证用户登录发生失败:"+e.toString());
        }
    return loginOk;
    }

    /*
     * 向数据库中插入记录
     * @param sql
     * @return
     */
```

```
public void insert(String zhanghao,String mima) {
 String sql="insert into panuser(zh,mm) values(?,?)";
 try {
     PreparedStatement pstmt = conn.prepareStatement(sql);
     pstmt.setString(1, zhanghao);
     pstmt.setString(2, mima);
     pstmt.executeUpdate();
     } catch (SQLException e) {
         System.out.println("插入数据记录时发生异常:"+e.toString());
     }
 }


 /*
  * 释放资源
  */
 public void close() {
 try {
     if(rs!=null) {
         rs.close();
     }
     if(pstmt!=null) {
         pstmt.close();
     }
     if(conn!=null) {
         conn.close();
     }
 }catch(Exception e) {
     System.out.println("释放资源时发生异常:"+e.toString());
 }
 }
}
```

（9）在 com.cqcvc.util 包下创建 HdfsUtil.java 工具类，该类的作用主要是实现对 HDFS
文件系统的操作，包括目录创建、文件浏览、文件上传、文件删除、文件下载等方法，具
体代码如下。

```
package com.cqcvc.pojo;

import java.io.IOException;
import java.io.InputStream;
import java.net.URISyntaxException;
import org.apache.commons.compress.utils.IOUtils;
import org.apache.hadoop.conf.Configuration;
import org.apache.hadoop.fs.FSDataInputStream;
import org.apache.hadoop.fs.FSDataOutputStream;
import org.apache.hadoop.fs.FileStatus;
import org.apache.hadoop.fs.FileSystem;
```

```java
import org.apache.hadoop.fs.Path;

public class HdfsUtil {

    static FileSystem fs=null;
    static{
        Configuration conf = new Configuration();
        conf.set("fs.defaultFS", "hdfs://master:9000/");
        System.setProperty("HADOOP_USER_NAME", "root");
        try {
            fs=FileSystem.get(conf);
        } catch (IOException e) {
            System.out.println("实例化 fs 发生异常:"+e.toString());
        }
    }

    /**
     * 删除文件
     * @param strPath
     */
    public void delFile(String strPath){
        try {
            boolean result=fs.delete(new Path(strPath), true);
        } catch (IOException e) {
            System.out.println("删除文件时发生异常:"+e.toString());
        }
    }

    /**
     * 遍历用户目录文件与目录
     * @param username
     * @return
     * @throws IOException
     */
    public static FileStatus[] showFiles(String username) throws IOException {
        String filePath = "/" + username;
        FileStatus[] list = fs.listStatus(new Path(filePath));
        return list;
    }

    /**
     * 上传文件
     * @param fileName
     * @param in
     * @throws Exception
     */
    public static void upload(String fileName,InputStream in) throws Exception{
```

```
        FSDataOutputStream out = fs.create(new Path("/" + fileName));
        IOUtils.copy(in, out);
        out.close();
    }
}
```

(10) 定义实现用户注册的方法 RegServlet，其核心代码如下：

```
//中文乱码的处理方法
request.setCharacterEncoding("utf-8");
response.setCharacterEncoding("utf-8");
response.setContentType("text/html; charset=UTF-8");
String zh=request.getParameter("zhanghao");
String mm=request.getParameter("mima");
String remm=request.getParameter("remima");
String s="";
if(mm.equals(remm)){
    ConnDB connDB=new ConnDB();
    connDB.addUser(zh, mm); //添加用户
    HdfsUtil hu=new HdfsUtil();
    hu.mkDir(zh); //创建目录
    s="<script>alert('注册成功！');window.location='login.jsp';</script>";
    }else{
    s="<script>alert('两次输入的密码不一致，请重新输入！');window.location=
        'reg.jsp';</script>";
    }
    esponse.getWriter().write(s);
```

(11) 在 WebContent 目录下创建 login.jsp 页面，核心内容如下。

```
<form action="/LoginServlet" method="post">
账号: <input type="text" name="zhanghao"><br/>
密码: <input type="password" name="password"><br/>
<input type="submit" value="提 交">
</form>
```

页面效果如图 3-12 所示。

图3-12　用户登录页面

(12) 定义类 LoginServlet，该程序主要功能是获取用户在登录页面上输入的账号、密码信息，再调用 ConnDB 类的 login 方法，实现输入信息与 MySQL 数据库 user 表中的记录进行比对，如果输入的账号、密码信息存在于 user 表，则登录成功，否则登录失败。登录成

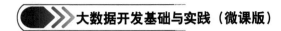

功后，调用 HdfsUtil 类的 showFiles 方法，查询出当前用户在 HDFS 文件系统中存储的文件信息，并将文件信息显示在 index.jsp 文件中，具体代码如下。

```java
package com.cqcvc.servlet;

import java.io.IOException;
import javax.servlet.ServletException;
import javax.servlet.annotation.WebServlet;
import javax.servlet.http.HttpServlet;
import javax.servlet.http.HttpServletRequest;
import javax.servlet.http.HttpServletResponse;
import javax.servlet.http.HttpSession;
import org.apache.hadoop.fs.FileStatus;
import com.cqcvc.pojo.ConnDB;
import com.cqcvc.pojo.HdfsUtil;

@WebServlet("/LoginServlet")
public class LoginServlet extends HttpServlet {
    private static final long serialVersionUID = 1L;
    public void doPost(HttpServletRequest request, HttpServletResponse
        response) throws ServletException, IOException {
        //中文乱码的处理
        request.setCharacterEncoding("utf-8");
        response.setCharacterEncoding("utf-8");
        response.setContentType("text/html;charset=UTF-8");
        //接收表单信息
        String username = request.getParameter("zhanghao");
        String password = request.getParameter("password");
        //设置回显
        request.setAttribute("user", username);
        //根据用户名查询用户
        boolean loginOk = new ConnDB().login(username,password);
        if(loginOk==true){
            HttpSession session = request.getSession();
            session.setAttribute("username", username);
            FileStatus[] documentList = HdfsUtil.ShowFiles(username);
            request.setAttribute("documentList", documentList);
            request.getRequestDispatcher("index.jsp").forward(request,
                response);
        }else{
            response.getWriter().write("<script>alert('登录失败，请确认密码!');
                window.location='login.jsp'; window.close();</script>");
            response.getWriter().flush();
        }
    }

    @Override
```

```
    protected void doGet(HttpServletRequest request, HttpServletResponse
        response) throws ServletException, IOException {
        doPost(request, response);
    }
}
```

（13）在 LoginServlet 中实现了用户登录验证，并获取到当前用户在 HDFS 文件系统中存放的文件信息 documentList 后，接下来将 documentList 数组中的信息遍历显示在 index.jsp 页面中，index.jsp 的核心代码如下。

```
<table class="list">
<tr>
  <td>编号</td>
  <td>文件名</td>
  <td>文件大小</td>
  <td>操作</td>
</tr>
<%
FileStatus[] fsArr=(FileStatus[])request.getAttribute("docList");
int i=0;
for(FileStatus f:fsArr){
    i++;
    out.write("<tr>");
    out.write("<td>"+i+"</td>");
    out.write("<td>"+f.getPath().getName()+"</td>");
    out.write("<td>"+f.getLen()+"</td>");
    out.write("<td><a href='/DownloadServlet?filePath="+f.getPath()+"'>下
载</a>   <a href='/DelServlet?filePath="+f.getPath()+"'>删除</a></td>");
    out.write("</tr>");
}
%>
</table>
```

（14）实现文档上传功能，在 index.jsp 页面中添加文件上传组件，HTML 代码如下。

```
<form action="/UploadServlet" method="post" enctype="multipart/form-data">
<input type="file" name="myfile"><input type="submit" value="上传">
</form>
```

然后定义类 UploadServlet，将本地的文件信息写入 HDFS 文件系统，具体代码如下。

```
package com.cqcvc.servlet;

import java.io.IOException;
import java.io.InputStream;
import javax.servlet.ServletException;
import javax.servlet.annotation.MultipartConfig;
import javax.servlet.annotation.WebServlet;
import javax.servlet.http.HttpServlet;
import javax.servlet.http.HttpServletRequest;
```

```
import javax.servlet.http.HttpServletResponse;
import javax.servlet.http.HttpSession;
import javax.servlet.http.Part;
import org.apache.hadoop.fs.FileStatus;
import com.cqcvc.util.HdfsUtil;

@WebServlet("/UploadServlet")
@MultipartConfig
public class UploadServlet extends HttpServlet {
    private static final long serialVersionUID = 1L;

    protected void doGet(HttpServletRequest request, HttpServletResponse
        response) throws ServletException, IOException {
        //中文乱码的处理方法
        request.setCharacterEncoding("utf-8");
        response.setCharacterEncoding("utf-8");
        response.setContentType("text/html; charset=UTF-8");
        //获取文件 part 信息和文件名
        Part part=request.getPart("myfile");
        String hd=part.getHeader("Content-Disposition");
        String s=hd.replace("\"", "");
        String fileName=s.substring(s.lastIndexOf("=")+1);
        //定义输入流
        InputStream in=part.getInputStream();
        //调用 HdfsUtil 的 upload 方法
        HdfsUtil hu=new HdfsUtil();
        hu.upload("/"+request.getSession().getAttribute("curUser")+"/"
            +fileName, in);
        in.close();
        //获取文件元数据信息
        HttpSession se=request.getSession();
        FileStatus[] fsArr=hu.showFiles("/"+se.getAttribute("curUser"));
        request.setAttribute("docList", fsArr);
        request.getRequestDispatcher("index.jsp").forward(request, response);
    }

    protected void doPost(HttpServletRequest request, HttpServletResponse
        response) throws ServletException, IOException {
        doGet(request, response);
    }
}
```

(15) 要实现文档的下载，首先在 index.jsp 页面的每个文档后面添加一个下载超链接，链接的地址为 DownloadServlet，并附加上要下载文件的地址。因此，在类 DownloadServlet 中获取到要下载文件的地址，再获取文件的输出流，具体代码如下。

```
package com.cqcvc.servlet;

import java.io.IOException;
```

```
import java.io.InputStream;
import javax.servlet.ServletException;
import javax.servlet.ServletOutputStream;
import javax.servlet.annotation.WebServlet;
import javax.servlet.http.HttpServlet;
import javax.servlet.http.HttpServletRequest;
import javax.servlet.http.HttpServletResponse;
import com.cqcvc.util.HdfsUtil;

@WebServlet("/DownloadServlet")
public class DownloadServlet extends HttpServlet {
    private static final long serialVersionUID = 1L;
    protected void doGet(HttpServletRequest request, HttpServletResponse
        response) throws ServletException, IOException {
        request.setCharacterEncoding("utf-8");
        String fp=request.getParameter("filePath");
        InputStream in=new HdfsUtil().down(fp);
        byte[] b=new byte[in.available()];
        in.read(b);
        response.setCharacterEncoding("utf-8");
        //获取文件名
        String fn=fp.substring(fp.lastIndexOf("/")+1);
        response.setHeader("Content-Disposition","attachment;filename="+fn+"");
        //获取响应报文输出流对象
        ServletOutputStream out=response.getOutputStream();
        //输出数据流
        out.write(b);
        out.flush();
        out.close();
    }

    protected void doPost(HttpServletRequest request, HttpServletResponse
        response) throws ServletException, IOException {
        doGet(request, response);
    }
}
```

(16) 要删除指定的文件，原理和下载文件类似，首先在 index.jsp 页面中添加一个删除按钮，并链接 DelServlet，附加的参数是要删除文件的地址，再完善类 DelServlet 的程序，具体代码如下。

```
package com.cqcvc.servlet;

import java.io.IOException;
import javax.servlet.ServletException;
import javax.servlet.annotation.WebServlet;
import javax.servlet.http.HttpServlet;
import javax.servlet.http.HttpServletRequest;
import javax.servlet.http.HttpServletResponse;
```

```
import javax.servlet.http.HttpSession;
import org.apache.hadoop.fs.FileStatus;
import com.cqcvc.util.HdfsUtil;

@WebServlet("/DelServlet")
public class DelServlet extends HttpServlet {
    private static final long serialVersionUID = 1L;
    protected void doGet(HttpServletRequest request, HttpServletResponse
        response) throws ServletException, IOException {
        //中文乱码的处理方法
        request.setCharacterEncoding("utf-8");
        response.setCharacterEncoding("utf-8");
        response.setContentType("text/html; charset=UTF-8");
        //获取url参数的值
        String fp=request.getParameter("filePath");
        //调用HdfsUtil类中的delFile方法
        HdfsUtil hu=new HdfsUtil();
        hu.delFile(fp);
        //获取剩余的文件元数据信息
        HttpSession session=request.getSession();
        FileStatus[] fsArr=hu.showFiles("/"+session.getAttribute("curUser"));
        request.setAttribute("docList", fsArr);
        request.getRequestDispatcher("index.jsp").forward(request,response);
    }

    protected void doPost(HttpServletRequest request, HttpServletResponse
        response) throws ServletException, IOException {
        doGet(request, response);
    }
}
```

(17) 完善系统的功能后，利用 Apache Tomcat Server 发布此项目，如图 3-13 所示。

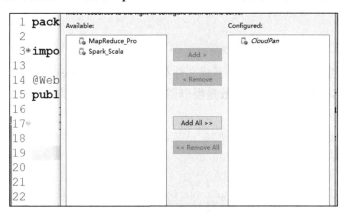

图3-13　在Apache Tomcat Server中发布项目

网络云盘系统项目发布完毕，启动 Apache Tomcat Server，然后在 Web 浏览器中输入

http: //localhost:8080，则出现系统登录界面，输入正确的账号、密码信息后就进入系统主界面，如图 3-14 所示。

编号	文件名	文件大小	操作
1	高中英语高频单词.docx	842560	下载 删除
2	Spark清洗日志指导书.docx	24669	下载 删除
3	test.txt	21	下载 删除

图3-14 网络云盘系统主界面

【4】任务拓展

在完成了文件上传、下载、删除等功能后，若要创建子目录，并将不同类型的文件上传到不同的子目录下，该如何实现？

任务 4 MapReduce 离线计算之词频统计

【1】任务简介

本项任务主要利用 MapReduce 离线计算框架实现对文件中每个单词出现次数的统计。

任务 4.MapReduce 离线
计算之词频统计.mp4

【2】相关知识

MapReduce 是分布式运算程序的编程框架，是用户开发"基于 Hadoop 的数据分析应用"的核心框架。MapReduce 核心功能是将用户编写的业务逻辑代码和自带默认组件整合成一个完整的分布式运算行程序，并发布在一个集群上。

1. MapReduce 的优点

(1) 易于编程

它简单地实现一些接口，就可以完成一个分布式程序，这个分布式程序可以分布到大量廉价的 PC 上运行，也就是说，你写一个分布式程序，跟写一个简单的串行程序是一模一样的。就是因为这个特点，使得 MapReduce 编程变得非常受欢迎。

(2) 良好的扩展性

当计算资源不能得到满足的时候，可以通过简单地增加机器来扩展它的计算能力。

(3) 高容错性

MapReduce 设计的初衷就是使程序能够部署在廉价的 PC 上，这就要求它具有很高的容错性。比如其中一台机器挂了，它可以把上面的计算任务转移到另外一个节点上运行，不至于这个任务运行失败；而且这个过程不需要人工参与，完全由 Hadoop 内部完成。

(4) 适合 PB 级以上海量数据的离线处理

可以实现上千台服务器集群并发工作，提供数据处理能力。

2. MapReduce 的缺点

(1) 不擅长实时计算

MapReduce 无法像 MySQL 一样，在毫秒或者秒级内返回结果。

(2) 不擅长流式计算

流式计算的输入数据是动态的，而 MapReduce 的输入数据集是静态的，不能动态变化。这是因为 MapReduce 自身的设计特点决定了数据源必须是静态的。

(3) 不擅长 DAG(有向图)计算

多个应用程序存在依赖关系，后一个应用程序的输入为前一个程序的输出。在这种情况下，MapReduce 并不是不能做，而是使用后，每个 MapReduce 作业的输出结果都写入磁盘，造成大量的磁盘 IO，导致性能非常低下。

3. MapReduce 核心编程思想

MapReduce 核心编程思想如图 3-15 所示。

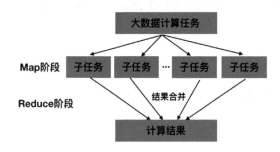

图3-15　MapReduce核心编程思想

(1) 分布式的运算程序往往需要分成至少两个阶段。

(2) 第一个阶段的 MapTask 并发实例，完全并行运行，互不相干。

(3) 第二个阶段的 ReduceTask 并发实例互不相干，但是它们的数据依赖于上一个阶段所有 MapTask 并发实例的输出。

(4) MapReduce 编程模型只能包含一个 Map 阶段和一个 Reduce 阶段,如果用户的业务逻辑非常复杂，那就只能多个 MapReduce 程序串行运行。

【3】任务实施

(1) 在 Eclipse 开发环境中新建一个 Maven 项目，项目名称为 HadoopMapReduce，如图 3-16 所示。

高职高专立体化教材　计算机系列

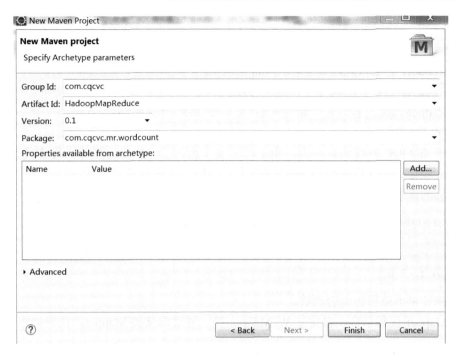

图3-16 Eclipse新建项目

(2) 引入 Hadoop 相关的依赖包，主要引入以下依赖包。

```
<dependency>
    <groupId>org.apache.hadoop</groupId>
    <artifactId>hadoop-common</artifactId>
    <version>2.7.3</version>
</dependency>
<dependency>
    <groupId>org.apache.hadoop</groupId>
    <artifactId>hadoop-client</artifactId>
    <version>2.7.3</version>
</dependency>
<dependency>
    <groupId>org.apache.hadoop</groupId>
    <artifactId>hadoop-hdfs</artifactId>
    <version>2.7.3</version>
</dependency>
```

(3) 编写 MapReduce 程序，三个阶段分别如下。

① Mapper 阶段。

● 用户自定义的 Mapper 要继承自己的父类。

● Mapper 的输入数据是 KV 对的形式(KV 的类型可自定义)。

● Mapper 的业务逻辑写在 map()方法中。

● Mapper 的输出数据是 KV 对的形式(KV 的类型可自定义)。

● map()方法(MapTask 进程)对每一个<K,V>调用一次。

② Reducer 阶段。

● 用户自定义的 Reducer 要继承自己的父类。

● Reducer 的输入数据类型对应 Mapper 的输出数据类型，也是 KV 对。

● Reducer 的业务逻辑写在 reduce()方法中。

● ReduceTask 进程对每一组相同的<K,V>组调用一次 reduce()方法。

③ Driver 阶段。

相当于 YARN 集群的客户端，用于提交整个程序到 YARN 集群，提交的是封装了
MapReduce 程序相关运行参数的 job 对象。

任务总的需求是，有如下内容的 txt 文本文件：

```
I am a Chinese boy
Are you from Anmerica
How old are you
I like football
```

要求统计每个单词出现的次数。

(4) Mapper 代码示范，自定义 WcMapper 类，并继承父类 Mapper，代码如下：

```
package com.cqcvc.mr.wordcount;
import java.io.IOException;
import org.apache.hadoop.io.IntWritable;
import org.apache.hadoop.io.LongWritable;
import org.apache.hadoop.io.Text;
import org.apache.hadoop.mapreduce.Mapper;
/**
 * Map 阶段
 * KEYIN LongWritable:输入数据的 key，偏移量
 * VALUEIN Text:输入的数据
 * KEYOUT Text:输出数据的 Key
 * VALUEOUT IntWritable:输出数据的 value
 */
public class WcMapper extends Mapper<LongWritable, Text, Text, IntWritable>{
    Text k=new Text();
    IntWritable v=new IntWritable(1);
/**
 * 重写父类的 map 方法
 */
    @Override
    protected void map(LongWritable key, Text value, Context context) throws
        IOException, InterruptedException {
        //1.一次读取 1 行，value 代表每行数据，然后将 value 转换成字符串
        String line=value.toString();
        //2.切割单词，采用字符串的 split()方法将每行内容转换成字符串数组
        String[] words=line.split(" ");
        //3.循环写出，将字符串数组中的每个单词以<k, v>格式进行输出
        for(String word:words){
```

```
        k.set(word);
        context.write(k, v);
    }
  }
}
```

(5) Reducer 代码示范，自定义 WcReducer 类并继承 Reducer 父类，代码如下。

```
package com.cqcvc.mr.wordcount;
import java.io.IOException;
import org.apache.hadoop.io.IntWritable;
import org.apache.hadoop.io.Text;
import org.apache.hadoop.mapreduce.Reducer;
/**
 * Reducer 阶段
 * KEYIN Text, VALUEIN IntWritable:Map 阶段输出的 k,v
 * KEYOUT Text, VALUEOUT IntWritable:Reducer 阶段输出的 k,v
 */
public class WcReducer extends Reducer<Text, IntWritable, Text,
IntWritable>{
    IntWritable v=new IntWritable();
/**
 * 重写父类的 reducer 方法
 */
    @Override
    protected void reduce(Text key, Iterable<IntWritable> values,Context
        context) throws IOException, InterruptedException {
        //1.累加求和，将迭代器 values 对象中的值进行累加即得到每个单词出现的次数
        int sum=0;
        for(IntWritable value:values){
            sum=sum+value.get();
        }
        //2.写出
        v.set(sum);
        context.write(key, v);
    }
}
```

(6) Driver 示范代码如下。

```
package com.cqcvc.mr.wordcount;
import org.apache.hadoop.conf.Configuration;
import org.apache.hadoop.fs.Path;
import org.apache.hadoop.io.IntWritable;
import org.apache.hadoop.io.Text;
import org.apache.hadoop.mapreduce.Job;
import org.apache.hadoop.mapreduce.lib.input.FileInputFormat;
import org.apache.hadoop.mapreduce.lib.output.FileOutputFormat;
public class WcDriver {
```

```
public static void main(String[] args) throws Exception {
    //1.获取job对象
    Configuration conf=new Configuration();
    Job job=Job.getInstance(conf);
    //2.设置Jar存放路径,利用反射找到路径
    job.setJarByClass(WcDriver.class);
    //3.设置mapper和reducer类
    job.setMapperClass(WcMapper.class);
    job.setReducerClass(WcReducer.class);
    //4.设置最终输出的key和value的类型
    job.setOutputKeyClass(Text.class);
    job.setOutputValueClass(IntWritable.class);
    //5.设置输入和输出路径
    FileInputFormat.setInputPaths(job, new Path("E:/input"));
    FileOutputFormat.setOutputPath(job, new Path("E:/output/wc"));
    //6.提交job
    //job.waitForCompletion(true);
    System.exit(job.waitForCompletion(true) ? 0 : 1);
    System.out.println("结束");
  }
}
```

(7) 运行结果如图3-17所示。

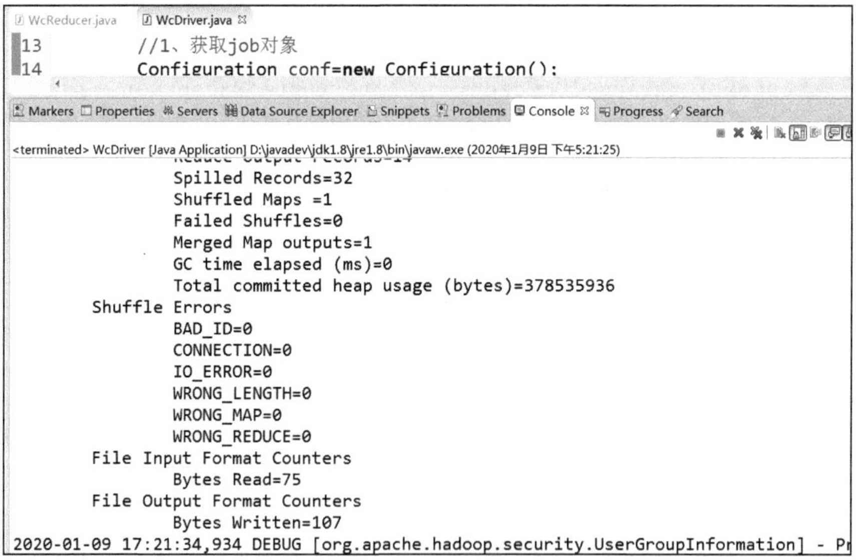

图3-17　运行结果

然后查看结果输出目录 E:\output\wc，如图 3-18 所示。

图3-18　查看结果输出目录

用文本编辑器打开 part-r-0000 文件，查看内容，如图 3-19 所示。

图3-19　查看统计结果文件

从而实现了对每个单词出现次数的统计。

【4】任务拓展

在实现了词频统计的功能后，如何实现依据每个单词出现次数按从高到低顺序进行排序？若要将统计结果中大写字母 A、C 打头的单词放到一个文件，其他单词放到一个文件里，如何实现这个需求呢？

任务 5　MapReduce 离线计算之排序

任务 5.MapReduce 离线
计算之排序.mp4

【1】任务简介

本项任务主要利用 MapReduce 计算框架实现对订单金额进行排序，要求订单总金额从高到低排序，并获取订单总金额前 5 名的信息。

【2】相关知识

默认情况下，Map 输出的结果会对 Key 进行默认的排序，但是有时候需要对 Key 排序的同时再对 Value 进行排序，这时候就要用到二次排序了。下面介绍什么是二次排序。

二次排序主要经过以下几个阶段。

1. Map 起始阶段

在 Map 阶段，使用 job.setInputFormatClass()定义的 InputFormat，将输入的数据集分割成小数据块 split(也叫切片)，同时 InputFormat 提供一个 RecordReader 的实现。RecordReader 会将文本的行号作为 Key，这一行的文本作为 Value。这就是自定义 Mapper 的输入为 <LongWritable,Text> 的原因。然后调用自定义 Mapper 的 map 方法，将一个个 <LongWritable,Text>键值对输入给该方法。

2. Map 最后阶段

在 Map 阶段的最后，会先调用 job.setPartitionerClass()对这个 Mapper 的输出结果进行分区，每个分区映射到一个 Reducer。每个分区内又调用 job.setSortComparatorClass()设置的 Key 比较函数类排序。可以看到，这本身就是一个二次排序。如果没有通过 job.setSortComparatorClass()设置 Key 比较函数类，则使用 Key 实现的 compareTo()方法。

3. Reduce 阶段

在 Reduce 阶段，reduce()方法接受所有映射到这个 Reduce 的 map 输出后，也会调用 job.setSortComparatorClass()方法设置的 Key 比较函数类，对所有数据进行排序。然后开始构造一个 Key 对应的 Value 迭代器。这时就要用到分组，即使用 job.setGroupingComparatorClass() 方法设置分组函数类。只要这个比较器比较的两个 Key 相同，它们就属于同一组，将它们的 Value 放在同一个 Value 迭代器中，而这个迭代器的 Key 使用属于同一个组的所有 Key 的第一个 Key。最后就是进入 Reducer 的 reduce()方法，reduce()方法的输入是所有的 Key 和它的 Value 迭代器，同样注意输入与输出的类型必须与自定义的 Reducer 中声明的一致。

【3】任务实施

首先分析数据格式，数据格式如图 3-20 所示。

order.txt - 记事本
文件(F) 编辑(E) 格式(O) 查看(V) 帮助(H)
```
1,张钢,2017-01-29,卡券,50,安徽省合肥市,安徽省芜湖市,15755321669
2,李钢,2017-02-04,198,浙江省杭州市,安徽省芜湖市,15755321669
3,李钢,2017-02-04,男装,30,浙江省宁波市,安徽省芜湖市,15755321669
4,黄三,2017-02-04,40,江苏省南京市,安徽省芜湖市,15755321669
5,郭彪,配件,55,浙江省杭州市,安徽省芜湖市,15755321669
6,陈锋,2017-02-06,用品,55,江苏省南京市,安徽省芜湖市,15755321669
7,邓伟,2017-02-11,用品,30,安徽省芜湖市,安徽省芜湖市,15755321669
8,邓伟,2017-02-11,用品,500,安徽省芜湖市,安徽省芜湖市,15755321669
```

图3-20　数据格式

每行数据记录代表一个订单，每个订单的数据内容依次为：订单编号、姓名、订单日期、商品名称、订单金额、发货地址、收货地址、联系电话。要求汇总输出每个人的订单总金额，并按订单总金额从高到低进行排序。

因此，首先打开 Eclipse 开发工具，在已有的 HadoopMapReduce 项目中新建一个 package，包名称为 com.cqcvc.mr.sort。

（1）在包中新建一个自定义类 Order，并实现 WritableComparable 接口，重点重写 compareTo 方法，并实现 write 序列化和 readFields 反序列化方法，注意序列化和反序列化方法中涉及的字段顺序要保持一致。具体代码如下。

```java
package com.cqcvc.mr.sort;

import java.io.DataInput;
import java.io.DataOutput;
import java.io.IOException;
import org.apache.hadoop.io.WritableComparable;
/**
 * 订单实体类
 * @author Hunter
 */
public class Order implements WritableComparable<Order> {
    private String name;
    private int fee;

    public Order(){
    }


    public Order(String name, int fee) {
        this.name = name;
        this.fee = fee;
    }

    public String getName() {
        return name;
    }

    public void setName(String name) {
        this.name = name;
    }
```

```
    public int getFee() {
        return fee;
    }

    public void setFee(int fee) {
        this.fee = fee;
    }

/**
 *序列化方法：将内存中的对象输出到磁盘文件中
 */
    public void write(DataOutput out) throws IOException {
        out.writeChars(name);
        out.write(fee);
    }

/**
 *反序列化方法：将磁盘文件中的数据读入到内存中
 */
    public void readFields(DataInput in) throws IOException {
        name=in.readLine();
        fee=in.readInt();
    }

    /**
     * 进行比较的方法，按订单总金额以降序排列
     */
    public int compareTo(Order o) {
        int result;
        if (this.fee>o.getFee()){
        result=-1;
        } else if(this.fee<o.getFee()){
        result=1;
        }else{
        result=0;
        }
        return result;
    }

    @Override
    public String toString() {
        return name + "\t" + fee;
    }
}
```

(2) 编写 OrderMapper 类，继承 Mapper 父类，并重写 map 方法。具体代码如下。

```
package com.cqcvc.mr.sort;
```

```java
import java.io.IOException;
import org.apache.hadoop.io.IntWritable;
import org.apache.hadoop.io.Text;
import org.apache.hadoop.mapreduce.Mapper;
/**
 * OrderMapper 类，实现数据的读取
 * @author Hunter
 */
public class OrderMapper extends Mapper<Object, Text, Text, IntWritable> {
    Text k=new Text();
    IntWritable v=new IntWritable();
/**
 * 重写map，实现对每行数据的处理
*/
    @Override
    protected void map(Object key, Text value,Context context) throws
        IOException, InterruptedException {
        String[] sArr=value.toString().split(",");
        k.set(sArr[1]);
        v.set(Integer.parseInt(sArr[sArr .length-4]));
        context.write(k,v);
    }
}
```

(3)　编写 OrderReducer 类，继承 Reducer 父类，并重写 reduce 方法，具体代码如下。

```java
package com.cqcvc.mr.sort;

import org.apache.hadoop.mapreduce.Reducer;
import java.io.IOException;
import java.util.TreeMap;
import org.apache.hadoop.io.IntWritable;
import org.apache.hadoop.io.Text;
/**
 * OrderMapperReducer 类，实现每个用户订单金额的合计
 * @author Hunter
 */
public class OrderReducer extends Reducer<Text, IntWritable, Text, IntWritable> {
    private TreeMap<Order,Integer> treeMap=new TreeMap<Order,Integer>();

    @Override
    protected void reduce(Text key, Iterable<IntWritable> fees,Context
        context) throws IOException, InterruptedException {
        Order o=new Order();
        int sum=0;
        for(IntWritable fee:fees){
            sum=sum+fee.get();
        }
        o.setName(key.toString());
```

```
        o.setFee(sum);
        treeMap.put(o, sum);

        /**
         * 只保留金额最大的 5 条记录，利用 TreeMap 可以按 key 自动排序的功能
         */
        if(treeMap.size()>5){
            treeMap.remove(treeMap.lastKey());
        }
    }

/**
 * 重写 cleanup 方法，在 Reducer 结束时只被调用一次
 */
    @Override
    protected void cleanup(Context context) throws IOException,
        InterruptedException {
    //遍历集合，输出数据
    for(Order o:treeMap.keySet()){
        context.write(new Text(o.getName()), new IntWritable(o.getFee()));
    }
    }
}
```

(4) 编写驱动类 OrderDriver，具体代码如下。

```
package com.cqcvc.mr.sort;

import java.io.IOException;
import org.apache.hadoop.conf.Configuration;
import org.apache.hadoop.fs.Path;
import org.apache.hadoop.io.IntWritable;
import org.apache.hadoop.io.Text;
import org.apache.hadoop.mapreduce.Job;
import org.apache.hadoop.mapreduce.lib.input.FileInputFormat;
import org.apache.hadoop.mapreduce.lib.output.FileOutputFormat;

public class OrderDriver {

    public static void main(String[] args) throws IOException,
        ClassNotFoundException, InterruptedException {
        //1.设置job
        Configuration conf=new Configuration();
        Job job=Job.getInstance(conf);
        //2.设置启动任务
        job.setJarByClass(OrderDriver.class);
        //3.关联 mapper 和 reducer
        job.setMapperClass(OrderMapper.class);
```

```
        job.setReducerClass(OrderReducer.class);
        //4.设置map输出数据类型
        job.setMapOutputKeyClass(Text.class);
        job.setMapOutputValueClass(IntWritable.class);
        //5.设置最终输出的数据类型
        job.setOutputKeyClass(Text.class);
        job.setOutputValueClass(IntWritable.class);
        //6.设置输入输出路径
        FileInputFormat.setInputPaths(job, new Path("E:/input/order.txt"));
    FileOutputFormat.setOutputPath(job, new Path("E:/output/order"));
        //7.提交任务
        boolean b=job.waitForCompletion(true);
        System.exit(b?0:1);
    }
}
```

然后运行 OrderDriver，结果如图 3-21 所示。

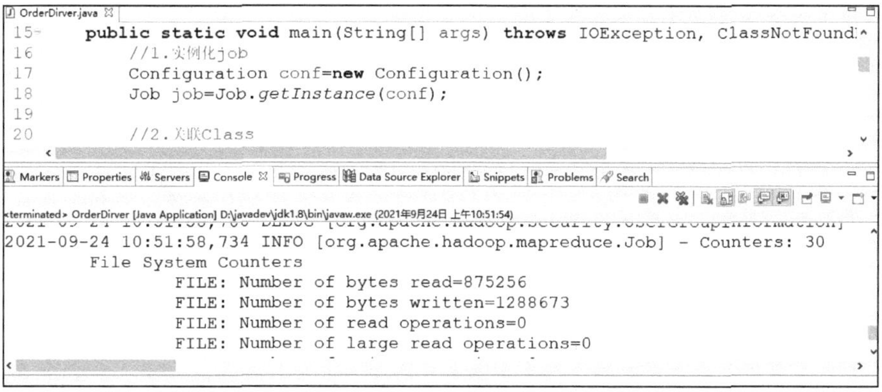

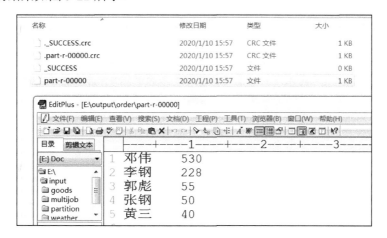

图3-21 运行结果

排序后的结果如图 3-22 所示。

图3-22 排序结果

【4】任务拓展

掌握了排序知识后，思考一下：如何按天把每天的订单信息进行排序输出？因为每天的订单要形成一个排序文件，这就涉及 MapReduce 自定义分区的相关知识。

项目 4

大数据采集实践

📖【知识目标】

1. 了解 Python urllib 库；
2. 了解 Python requests 基本对象；
3. 了解浏览器伪装和 html 解析基础知识。

📖【技能目标】

1. 掌握 Python 开发环境的搭建；
2. 掌握利用 Python 爬取网页内容和图片；
3. 掌握正则表达式和 XPath 解析知识。

🔑【教学重点】

1. urllib 库的使用；
2. Python requests 库的使用；
3. 网页解析基础知识。

🖥【教学难点】

1. requests 库的使用；
2. 网页内容解析的方法。

第 4 章 大数据采集实践.pptx

【项目知识】

知识 4.1　数据采集基础知识

4.1.1　数据采集技术综述

大数据采集，又称大数据获取，是数据分析的入口。其作用是负责将分布的、异构数据源中的不同种类和结构的数据如文本数据、关系数据，以及图片、视频等非结构化数据等抽取到临时中间层后进行清洗、转换、分类、集成，最后加载到对应的数据存储系统如数据仓库中，成为联机分析处理、数据挖掘的基础。

4.1.2　数据采集的方式

(1) 传感器(温度传感器、压力传感器、流量传感器等)是一种检测装置，能感受到被检测的信息，并能将感受到的信息，按一定规律变换成电信号或其他所需形式的信息输出，以满足信息的传输、处理、存储、显示、记录和控制等要求。

(2) 日志文件数据一般由数据源系统产生，用于记录数据源执行的各种操作活动，比如网络监控的流量管理、金融应用的股票记账和 Web 服务器记录的用户访问行为。通过对这些日志信息的采集，再进行数据分析，然后得到有价值的信息，为公司决策和管理提供支撑。常用的工具包括 Flume、Scribe 等。

(3) 企业业务系统数据指企业的 ERP 系统、财务系统、办公系统等在使用过程中产生的业务数据，这样的数据往往存储于传统关系数据库，如 Oracle、MySQL 中，企业可以借助 ETL 工具，把分散在企业不同位置的业务系统数据进行抽取、转换后加载到企业数据仓库中，以供后续的商业分析使用。

(4) 互联网数据采集是借助于网络爬虫来完成的。爬虫数据采集方法可以将非结构化数据从网页中提取出来，存储为统一的本地数据文件，并以结构化的方式存储。它支持图片、音频、视频等文件或附件的采集。由于互联网上有着丰富的数据资源，因此通过网络爬虫采集互联网上的数据是一种比较简单的获取数据资源的方式，但是我们在通过网络爬虫采集网络数据时需要遵循国家相关法律。

知识 4.2　网络爬虫基础知识

4.2.1　网络爬虫的定义

网络爬虫(又称为网页蜘蛛、网络机器人)是一种按照一定的规则，自动地抓取万维网信息的程序或者脚本。编写网络爬虫的主要目的是将互联网上的网页下载到本地并提取出相关数据。网络爬虫可以自动化地浏览网络中的信息，然后根据制定的规则下载和提取信息。

网络爬虫主要完成两个任务：一是下载目标网页，二是从目标网页中提取重要的数据。

4.2.2 网络爬虫的原理

网络爬虫是一个自动提取网页的程序，它为搜索引擎从万维网上下载网页，是搜索引擎的重要组成部分。传统爬虫从一个或若干初始网页的 URL 开始，获得初始网页上的 URL，在抓取网页的过程中，不断从当前页面上抽取新的 URL 放入队列，直到满足系统的一定停止条件。聚焦爬虫的工作流程较为复杂，需要根据一定的网页分析算法过滤与主题无关的链接，保留有用的链接并将其放入等待抓取的 URL 队列。然后，它将根据一定的搜索策略从队列中选择下一步要抓取的网页 URL，并重复上述过程，直到达到系统的某一条件时停止。另外，所有被爬虫抓取的网页将会被系统存储，进行一定的分析、过滤，并建立索引，以便之后的查询和检索；对于聚焦爬虫来说，这一过程所得到的分析结果还可对以后的抓取过程给出反馈和指导。

4.2.3 网络爬虫的分类

网络爬虫按照系统结构和实现技术，大致可以分为以下几种类型：通用网络爬虫(General Purpose Web Crawler)、聚焦网络爬虫(Focused Web Crawler)、增量式网络爬虫(Incremental Web Crawler)、深层网络爬虫(Deep Web Crawler)。实际的网络爬虫系统通常是几种爬虫技术相结合实现的。

1. 通用网络爬虫

通用网络爬虫又称全网爬虫，爬行对象从一些种子 URL 扩充到整个 Web，主要为门户站点、搜索引擎和大型 Web 服务提供商采集数据。

2. 聚焦网络爬虫

聚焦网络爬虫是指选择性地爬行那些与预先定义好的主题相关页面的网络爬虫。与通用网络爬虫相比，聚焦网络爬虫只需要爬取与主题相关的页面，极大地节约了网络和硬件资源，保存的页面也因数量少而更新快，还可以很好地满足一些特定人群对特定领域信息的需求。聚焦网络爬虫是我们需要重点关注的爬虫类型。

3. 增量式网络爬虫

增量式网络爬虫是指对已下载网页采取增量式更新和只爬取新产生的或者已经发生变化的页面的网页爬虫，它能够在一定程度上保证所爬行的页面是尽可能新的页面内容。与周期性爬行和刷新页面的网络爬虫相比，增量式爬虫只会在需要的时候爬行新产生或发生更新的页面，并不重新下载没有发生变化的页面，可有效减少数据下载量，及时更新已爬行的网页，减少时间和空间上的耗费，但是增加了爬行算法的复杂度和实现难度。

4. 深层网络爬虫

Web 页面按存在方式分为表层网页和深层网页。表层网页是传统搜索引擎可以索引的页面，是超链接可以达到的静态网页为主构成的 Web 页面。深层网页是大部分内容不能通过静态链接获取的，隐藏在搜索表单后的，只有用户提交一些关键词才能获得的 Web 页面，例如，那些用户注册后内容才可见的网页就属于深层页面，比如会员中心的信息。

4.2.4 网络爬取策略分类

为提高工作效率，通用网络爬虫会采取一定的爬行策略。常用的爬行策略有深度优先策略、广度优先策略。

(1) 深度优先策略：其基本方法是按照深度由低到高的顺序，依次访问下一级网页链接，直到不能再深入为止，爬虫在完成一个爬行分支后返回到上一链接节点进一步搜索其他链接。当所有链接遍历完后，爬行任务结束。这种策略比较适合垂直搜索或站内搜索，但爬行页面内容层次较深的站点时会造成资源的巨大浪费。

(2) 广度优先策略：此策略按照网页内容目录层次深浅来爬行页面，处于较浅目录层次的页面首先被爬行。当同一层次中的页面爬行完毕后，爬虫再深入下一层继续爬行。这种策略能够有效控制页面的爬行深度，避免遇到一个无穷深层分支时无法结束爬行的问题，实现方便，无须存储大量中间节点，不足之处在于需较长时间才能爬行到目录层次较深的页面。

4.2.5 简单网络爬虫的架构

一个基本的网络爬虫架构包括以下四个部分。

(1) URL 管理器：管理将要爬取的 URL，防止重复抓取和循环抓取。

(2) 网页下载器：这是下载网页的组件，用来将互联网上 URL 对应的网页下载到本地，是爬虫的核心部分之一。

(3) 网页解析器：这是解析网页的组件，用来从网页中提取有价值的数据，是爬虫的另一个核心部分。

(4) 输出管理器：这是保存信息的组件，用来把解析出来的内容输出到文件或数据库中。

以上四个部分是一个简单的爬虫架构，这里通过介绍简单的爬虫架构，让读者对爬虫有一个直观的印象，为后继的实战项目奠定基础。

4.2.6 网页内容解析技术

通过网络爬虫将互联网上的网页内容爬取到本地后，如何提取网页中有价值的信息呢？这就需要专用的网页内容解析技术。目前业界主流的网页解析技术包括以下三种。

(1) 正则表达式：正则表达式(Regular Expression)描述了一种字符串匹配的模式(Pattern)，可以用来检查一个串是否含有某种子串，将匹配的子串替换或者从某个串中取出符合某个条件的子串等。正则表达式的优点是效率比较高，但是缺点也很明显，那就是正则表达式不直观，写起来比较复杂。

(2) lxml 库：这个库使用的是 XPath 语法，同样是效率比较高的解析库。XPath 是一门在 XML 文档中查找信息的语言，可用来在 XML 文档中对元素和属性进行遍历。XPath 比较直观易懂，配合 Chrome 浏览器或 Firefox 浏览器，写起来非常简单。它的代码运行起来快且健壮，一般来说是解析数据的最佳选择，因此在后继的项目中我们主要采用 XPath 技术进行网页内容解析。

(3) Beautiful Soup 库：Beautiful Soup 库是一个可以从 HTML 或 XML 文件中提取数据的 Python 库，它能够通过我们喜欢的转换器实现惯用的文档导航、查找。Beautiful Soup 库编写效率高，且简单易学，但是相比 lxml 和正则表达式，解析速度慢很多。

总结起来，无论是正则表达式、Beautiful Soup 库，还是 lxml 库，都能满足我们解析网页的需求，但 lxml 使用的 XPath 语法简单易学、解析速度快，建议读者优先选择。

【项目实施】

任务 1 Python 开发环境配置

【1】任务简介

任务 1.Python 开发环境配置.mp4

本项任务的主要目标是完成 Windows 系统环境下 Python 开发环境的搭建。

【2】相关知识

Python 是一种解释型、面向对象、动态数据类型的高级程序设计语言。Python 由 Guido van Rossum 于 1989 年底发明，第一个公开发行版发行于 1991 年。像 Perl 语言一样，Python 源代码同样遵循 GPL(GNU General Public License)协议。

【3】任务实施

1. 下载 Python 安装包

在 Python 的官网 www.python.org 中找到最新版本的 Python 安装包，单击进行下载，请注意，若你的计算机是 32 位的，请选择 32 位安装包；如果计算机是 64 位的，请选择 64 位安装包。

2. 安装

(1) 双击下载好的安装包，弹出如图 4-1 所示的界面。

(2) 这里要注意的是，将 Python 加入 Windows 的环境变量中。如果忘记勾选，则需要手工加到环境变量中。在这里选择的是自定义安装，单击 Customize installation 按钮，进入到下一步操作。

(3) 进入到下一步后，选择需要安装的组件，如图 4-2 所示，然后单击 Next 按钮。

(4) 自定义路径，如图 4-3 所示。

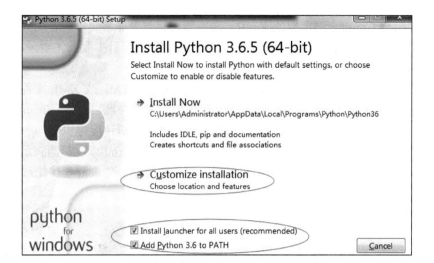

图4-1　Python安装界面

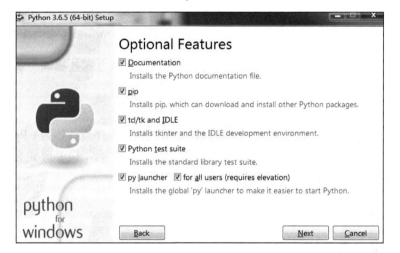

图4-2　Python安装选项

图4-3　选择安装路径

高职高专立体化教材　计算机系列

(5)　单击 Install 按钮，开始安装，如图 4-4 所示。

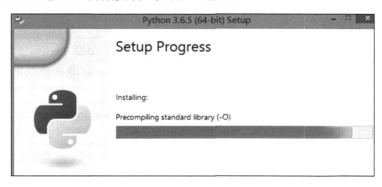

图4-4　安装进度

(6)　安装完成后，会有一个安装成功的提示界面，如图 4-5 所示。

图4-5　安装成功

Python 安装好之后，要检测一下是否安装成功。用系统管理员模式打开命令行工具 cmd，输入 python -V 命令，然后按 Enter 键，如果出现如图 4-6 所示界面，则表示安装成功。

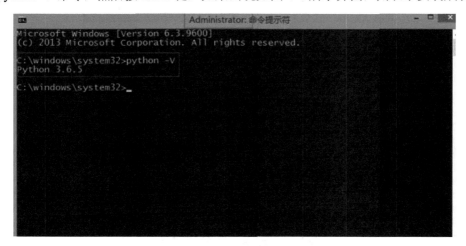

图4-6　安装测试界面

安装成功之后，当然要写第一个 Python 程序了。打开 cmd，输入 Python 命令后按 Enter 键，进入到 Python 交互式命令行界面，输入 print("hello world")，按 Enter 键，则第一个

Python 程序运行成功。

3. PyCharm 的安装

尽管安装完 Python 基础开发环境后可以在命令行环境下实现 Python 程序的编写和执行，但是在实际工作中利用 PyCharm 开发工具比较普遍。PyCharm 是一款功能强大的 Python 编辑器，具有跨平台性。

(1) 在 http://www.jetbrains.com/pycharm/download/#section=windows 网址下载安装程序，如图 4-7 所示。

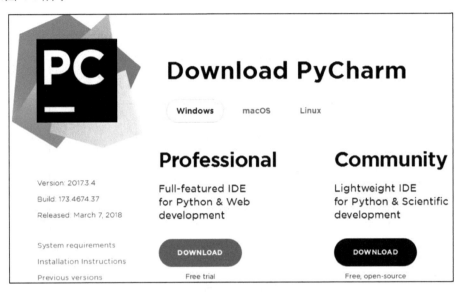

图4-7　PyCharm下载界面

(2) 下载成功后，双击文件开始安装，修改安装路径，单击 Next 按钮，如图 4-8 所示。

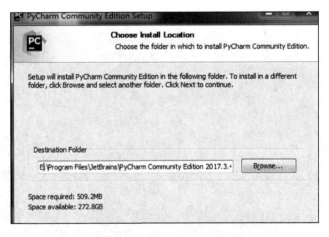

图4-8　PyCharm安装路径选择

(3) 出现安装选项界面，提示选择 32 位版本还是 64 位版本，如图 4-9 所示。

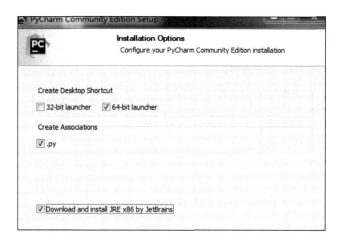

图4-9　PyCharm安装选项设置

(4)　根据安装向导完成安装。安装完毕后启动 PyCharm 软件，如图 4-10 所示。

图4-10　启动PyCharm开发工具

(5)　单击 Create New Project 按钮，创建第一个 Python 项目，并指定项目程序所在的路径，如图 4-11 所示。

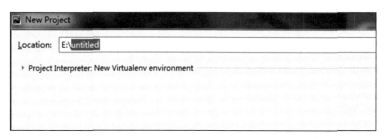

图4-11　创建Python项目并指定项目文件存放路径

(6)　修改项目文件存放的位置并创建解析环境，如图 4-12 所示。

(7)　选择 Project→New→Python File 命令，创建第一个 Python 程序 hello.py，注意 Python 程序文件的扩展名为.py，如图 4-13 所示。

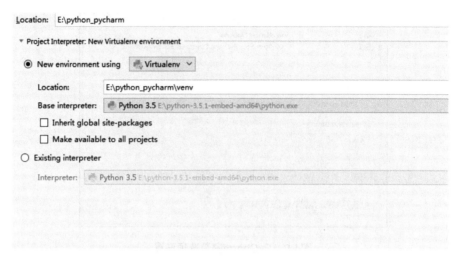

图4-12　创建Python解析环境

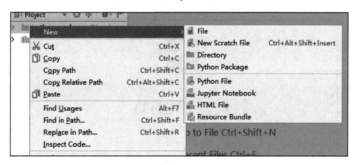

图4-13　创建Python程序文件

（8）在代码编写区域输入 print("Hello World")，单击鼠标右键，选择 Run 命令，即可运行此程序，如图 4-14 所示。

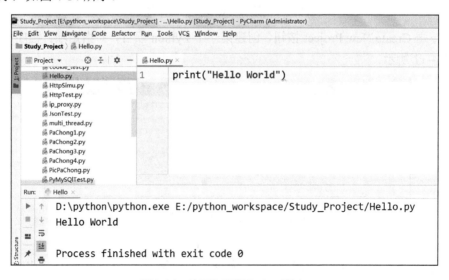

图4-14　编写和运行Python程序

至此，Python 开发环境搭建成功。

【4】任务拓展

搭建 Python 开发环境一般有两种选择，一种是安装 Python 基础环境，另外一种是安装 Anaconda 环境，大家可以尝试自行安装 Anaconda 基础环境。

任务 2　利用 urllib 获取新闻信息

任务 2.利用 urllib 获取
新闻信息.mp4

【1】任务简介

本项任务是实现爬取网址 http://www.cqcvc.com.cn/city/xwzx/xyyw/ 的新闻列表。新闻页面的内容如图 4-15 所示。

图4-15　学院新闻列表

【2】相关知识

网络爬虫基本流程如下。

(1) 发起请求：Client 通过 HTTP 库向目标站点发起 Request 请求，然后等待服务器响应。

(2) 获取响应内容：Server 响应 Response 的内容就是页面的内容，类型有 HTML、JSON、二进制等。

(3) 解析内容：HTML 可用正则表达式、网页解析库解析内容，JSON 格式数据可直接转换为 JSON 对象解析。

（4）保存数据：可以将解析后的内容保存于文件或数据库中。

通过 Python 实现网页内容爬取的最基础的库为 urllib 库，它是 Python 内置的 HTTP 请求库，也就是说，不需要额外安装即可使用。它包含如下 4 个模块。

- request：它是最基本的 HTTP 请求模块，可以用来模拟发送请求。就像在浏览器中输入网址然后回车一样，只需要给库方法传入 URL 以及额外的参数，就可以模拟实现这个过程。

- error：它是异常处理模块，如果出现请求错误，我们可以捕获这些异常，然后重试或进行其他操作，以保证程序不会意外终止。

- parse：它是一个工具模块，提供了许多 URL 方法，比如拆分、解析、合并等。

- robotparse：它主要是用来识别网站的 robots.txt 文件，然后判断哪些网站可以爬，哪些网站不可以爬。

通过 urllib 模块进行网页爬取使用到的方法主要是 urllib.request.urlopen()，该方法使用到的主要参数如下。

- url 参数：代表请求的网页。
- data 参数：请求网页地址所传递的参数。
- timeout 参数：用于设置超时时间，单位为秒，即如果超出了设置的这个时间请求还没有得到响应，就会抛出异常。若不指定该参数，就会使用全局默认时间。

通过 urllib.request.urlopen()方法请求一个网址后，将返回一个 response 结果，通过解析该 response 结果可以获取网页内容、状态信息、头信息等内容。

【3】任务实施

（1）新建 news.py 文件，导入 urllib.request 模块，然后利用 ulropen()方法请求 http://www.cqcvc.com.cn/city/xwzx/xyyw/地址，得到返回结果 response，如图 4-16 所示。

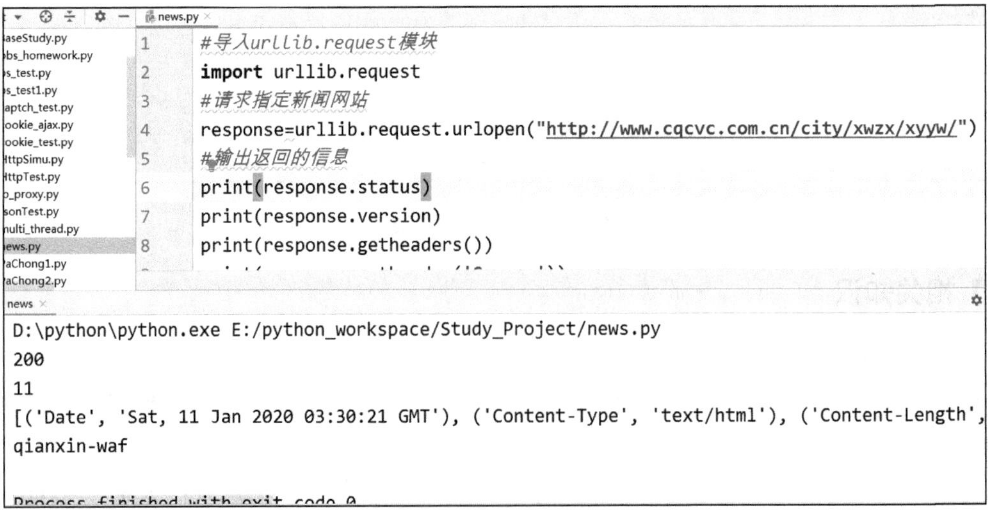

图4-16　利用urllib库请求指定的url地址

（2）要获取网页的文本内容，可以使用 response.read().decode()方法，如图 4-17 所示。

```
news.py
1    #导入urllib.request模块
2    import urllib.request
3    #请求指定新闻网站
4    response=urllib.request.urlopen("http://www.cqcvc.com.cn/city/xwzx/xyyw/")
5    #输出网页文本信息
6    html=response.read().decode()
7    print(html)

                                                                              ✿

a  href="http://www.cqcvc.com.cn/city/2019/show-15-3574-1.html">市总工会党组书记姚红
a  href="http://www.cqcvc.com.cn/city/2019/show-15-3574-1.html">市总工会党组书记姚红
```

图4-17　获取服务器端返回的内容

(3) 获取到的网页内容是带 HTML 标签的内容，如何对其进行解析呢？常用的解析方法有如下几种。

● 直接处理：适合简单网页。

● JSON 解析：适合网页是 JSON 字符串的。

● 正则表达式：适合解析 HTML。

● 库解析：Beautiful Soup 库、PyQuery 库、XPath 库，等等。

其中，正则表达式、XPath、Beautiful Soup、JSON 解析等方法使用得比较普遍。

下面介绍利用正则表达式对内容进行解析。要使用正则表达式，首先要导入 re 模块，同时定义正则表达式，代码具体如下。

```
#导入urllib.request 模块
import urllib.request
#导入正则表达式模块
import re
#请求指定新闻网站
response=urllib.request.urlopen("http://www.cqcvc.com.cn/city/xwzx/xyyw/")
#定义正则表达式
pat='<div class="cont_c_lt_r_t1"><a  href=".*?">(.*?)</a></div>'
#输出网页文本信息
html=response.read().decode()
titles=re.compile(pat).findall(html)
#输出此网页的所有新闻标题
print(titles)
```

通过 titles=re.compile(pat).findall(html)得到的新闻信息是一个列表，运行程序的结果如图 4-18 所示。

url="https://www.cqcvc.edu.cn/zhuzhan/news.aspx
#2.定义正则表达式
pat='<h5 class="ells">(.*?)</h5>'
#3.通过requests请求页面
res=requests.get(url)
#4.手动指定字符编码为utf-8
res.encoding="utf-8"
#5.按规则提取新闻标题
rst=re.findall(pat,res.text,re.S)
D:\javadev\python3.7\python.exe E:/pyworkspaces/Study/com/five/Cqcvc_News
['学校教师团队在2021年重庆市高职院校教师教学能力比赛中取得优异成绩', '学校隆重举行20
Process finished with exit code 0

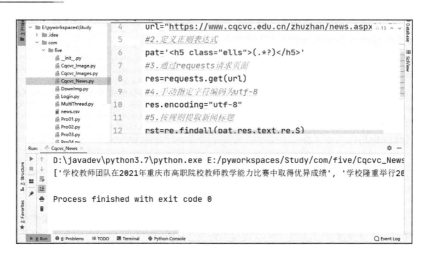

图4-18　利用正则表达式提取HTML内容

(4)　获取到的网页内容要进行持久化处理，可以把数据存储到文件或数据库中。以下示范将获取到的新闻标题存储到文本文件中，具体代码如下。

```
#导入 urllib.request 模块
import urllib.request
#导入正则表达式模块
import re

#请求指定新闻网站
response=urllib.request.urlopen("http://www.cqcvc.com.cn/city/xwzx/xyyw/")
#定义正则表达式
pat='<div class="cont_c_lt_r_t1"><a  href=".*?">(.*?)</a></div>'
#输出网页文本信息
=response.read().decode()
titles=re.compile(pat).findall(html)
#输出此网页的所有新闻标题
with open("e:/news.txt","a") as f:
    for t in titles:
        f.write(t+"\n")
    f.close()
```

程序运行后的结果如图 4-19 所示。

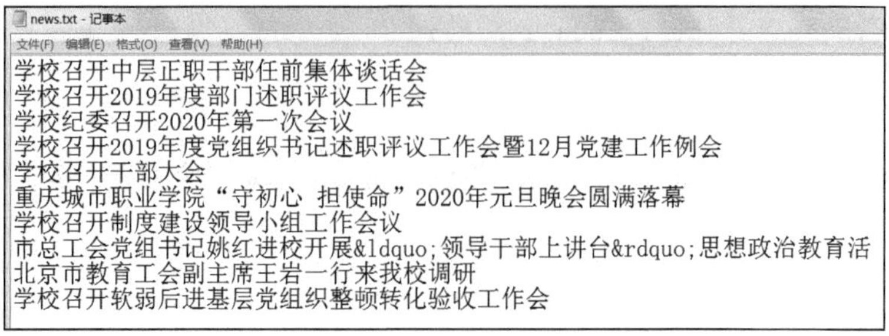

news.txt - 记事本
文件(F) 编辑(E) 格式(O) 查看(V) 帮助(H)
学校召开中层正职干部任前集体谈话会
学校召开2019年度部门述职评议工作会
学校纪委召开2020年第一次会议
学校召开2019年度党组织书记述职评议工作会暨12月党建工作例会
学校召开干部大会
重庆城市职业学院“守初心 担使命”2020年元旦晚会圆满落幕
学校召开制度建设领导小组工作会议
市总工会党组书记姚红进校开展“领导干部上讲台”思想政治教育活
北京市教育工会副主席王岩一行来我校调研
学校召开软弱后进基层党组织整顿转化验收工作会

图4-19　将爬取的新闻标题存储于文本文件

【4】任务拓展

以上演示了利用 urllib.request 模块的 urlopen()方法实现网页信息的爬取，并利用正则表达式对内容进行解析，然后将数据存储到文本文件中进行数据持久化处理。如果要对此网页的所有新闻进行爬取该如何处理呢？可以事先定义 url 列表，然后进行循环爬取。

任务 3　利用 Requests 进行图片爬取

【1】任务简介

任务 3.利用 Requests 进行图片爬取.mp4

网站内容除了普通的文本信息外，还有大量的非文本信息，如图片、视频、音频格式的信息。接下来我们示范爬取重庆城市职业学院校园风光的图片信息，其对应的网址为 http://www.cqcvc.com.cn/city/czfc/xyfg/。

【2】相关知识

Requests 是用 Python 编写，基于 urllib，采用 Apache2 Licensed 开源协议的 HTTP 库。它比 urllib 更方便，效率更高。但是由于 Requests 不是 Python 的内置库，因此需要手动安装此库，安装的命令为：pip install requests，如图 4-20 所示。

图4-20　安装requests库

requests 库提供的方法主要包括：

```
requests.get(url, params=None, **kwargs)
requests.post(url, data=None, json=None, **kwargs)
requests.put(url, data=None, **kwargs)
requests.head(url, **kwargs)
requests.delete(url, **kwargs)
requests.patch(url, data=None, **kwargs)
requests.options(url, **kwargs)
# 以上方法均是在以下方法的基础上构建
requests.request(method, url, **kwargs)
```

【3】任务实施

要爬取校园风光的图片，可以分三步进行。

(1) 利用 requests 库的 get 方法请求校园风光的地址，获取 HTML 内容，利用正则表达式解析 HTML，提取图片的 URL 地址。

(2) 循环请求图片的 URL 地址，获取字节流。

(3) 将获取的字节流写入磁盘(利用时间毫秒数构造图片文件名称)。

具体代码如下。

```python
import re
import requests
import time

res=requests.get("http://www.cqcvc.com.cn/city/czfc/xyfg/")
html=res.text
pat='<img alt="" src="(.*?)" style='
images=re.findall(pat,html)
for i in range(0,len(images)):
    url=images[i]
    bdata=requests.get(url).content
    with open("E:/ai/"+str(round(time.time()*1000))+url[-4:],"wb") as f:
        f.write(bdata)
```

运行程序后，爬取的图片如图 4-21 所示。

图4-21　利用requests库爬取网站图片

【4】任务拓展

当爬取完校园风光后，如何爬取网站上的视频资源呢？针对此需求，大家可以尝试爬取 http://www.cqcvc.com.cn/city/czfc/czsp/下的视频。

任务 4 浏览器伪装与 XPath 解析

【1】任务介绍

任务 4.浏览器伪装与
XPath 解析.mp4

一般网站都采用了反网络爬虫措施，防止程序爬取网站信息，因此可以利用伪装浏览器技术实现爬取某楼盘网站(http://fc.cqyc.net/plot)信息，并利用 XPath 解析技术对楼盘信息进行解析。

【2】相关知识

浏览器伪装的方法主要是在 requests.get()方法中传递 headers 信息。

XPath 即为 XML 路径语言(XML Path Language)，它是一种用来确定 XML 文档中某部分位置的语言。要在 Python 爬虫项目中使用 XPath，需要安装和导入 lxml 包下的 etree 模块。

【3】任务实施

(1) 导入 requests、etree 模块，代码如下。

```
import requests
from lxml import etree
```

(2) 定义 headers 信息，代码如下。

```
headers = {"User-Agent": "Mozilla/5.0 (Windows NT 6.1; Win64; x64)
AppleWebKit/537.36 (KHTML, like Gecko) Chrome/73.0.3683.75 Safari/537.36"}
```

(3) 请求楼盘页面地址，代码如下。

```
res = requests.get(addr, headers=headers)
```

(4) 对请求返回结果进行解析，代码如下。

```
#获取楼盘名称
name=selector.xpath("//div[@class='plot-head-l']/h1/text()")
#获取楼盘地址
address=selector.xpath("//div[@class='plot-info']/dl[3]/dd[1]/text()")
```

(5) 详细代码如下。

```
import requests
from lxml import etree

def spider():
    for p in range(1,2):
        if(p==1):
            addr="http://fc.cqyc.net/plot"
        else:
```

```
        addr="http://fc.cqyc.net/plot?page="+str(p)
    #定义 http 头
    headers = {"User-Agent": "Mozilla/5.0 (Windows NT 6.1; Win64; x64)
AppleWebKit/537.36 (KHTML, like Gecko) Chrome/73.0.3683.75 Safari/537.36"}
    res = requests.get(addr, headers=headers)
    html = res.text
    sele_list=etree.HTML(html)
    #获取每个楼盘的二级页面 url 地址
    urls=sele_list.xpath("//div[@class='title']/a/@href")
    #获取每个楼盘详细页面的 html 内容
    for u in urls:
        res_detail = requests.get("http://fc.cqyc.net"+u,headers=headers)
        selector=etree.HTML(res_detail.text)
        #获取楼盘名称
        name=selector.xpath("//div[@class='plot-head-l']/h1/text()")
        #获取楼盘地址
        address=selector.xpath("//div[@class='plot-info']/dl[3]/dd[1]/text()")
        #获取楼盘户型
        layout=selector.xpath('/html/body/div[8]/div[2]/dl[4]/text()')
        layout=selector.xpath('/html/body/div[8]/div[2]/dl[4]/dd')
        hx=""
        for i in range(0,len(layout)-1):
            if(len(layout[i].xpath("./a/text()"))>0):
                hx = layout[i].xpath("./a/text()")[0].strip() + "," + hx
        hx=hx[:-1]   #得到楼盘所有的户型
        print(hx)
        #获取楼盘图片
        images_html=selector.xpath('//div[@class="plot-slider"]/div
                    [@class="slider-list pr hd"]/ul')
        for i in images_html:
            imgs=i.xpath('//img/@src')   #得到一个楼盘所有的图片
            print(imgs)
            #然后根据得到的图片地址分别下载

if __name__=="__main__":
    spider()
```

【4】任务拓展

掌握了正则表达式、XPath 解析方法后，尝试学习 JSON 格式解析技术，并利用此技术尝试爬取网址 https://www.meituan.com/meishi/2403027/的点评信息。

项目 5

大数据清洗实践

第 5 章 大数据清洗实践.ppt

【项目知识】

知识 5.1　大数据清洗的概念

数据科学是一门新兴的以数据为研究中心的学科。作为一门学科，数据科学以数据的广泛性和多样性为基础，探寻数据研究的共性。数据科学是一门关于数据的工程，它需要同时具备理论基础和工程经验，需要掌握各种工具的用法。数据科学主要包括两个方面：用数据的方法来研究科学和用科学的方法来研究数据。数据清洗(Data Cleaning/Cleansing)是数据科学家完成数据分析和处理任务过程中必须面对的重要一环。具体来说，数据科学的一般处理过程包括如下几个步骤。

(1) 问题陈述，明确需要解决的问题和任务。

(2) 数据收集与存储，通过多种手段采集和存放来自众多数据源的数据。

(3) 数据清洗，对数据进行针对性的整理和规范，以便于后面的分析和处理。

(4) 数据分析和挖掘，运用特定模型和算法来寻求数据中隐含的知识和规律。

(5) 数据呈现和可视化，以恰当的方式呈现数据分析和挖掘的结果。

(6) 科学决策，根据数据分析和处理结果来决定问题的解决方案。

来自多样化数据源的数据内容并不完美，存在着许多"脏数据"，即数据不完整有缺失、存在错误和重复、不一致和有冲突等。数据清洗对数据进行审查和校验，发现不准确、不完整或不合理的数据，进而删除重复信息、纠正存在的错误，并保持数据的一致性、精确性、完整性和有效性，以提高数据的质量。

数据清洗并没有统一的定义，其定义依赖于具体的应用领域。从广义上讲，数据清洗是将原始数据进行精简以去除冗余和消除不一致，并使剩余的数据转换成可接收的标准格式的过程；而狭义上的数据清洗特指在构建数据仓库和实现数据挖掘前对数据源进行处理，使数据实现准确性、完整性、一致性、唯一性和有效性，以适应后续操作的过程。一般而言，凡是有助于提高信息系统数据质量的处理过程，都可认为是数据清洗。

数据清洗对保持数据的一致和更新起着重要的作用，因此被用于银行、保险、零售、电信和交通等多个行业。数据清洗主要有三个应用领域：数据仓库(Data Warehouse，DW)、数据库中知识的发现(Knowledge Discovery in Database，KDD)和数据质量管理(Data Quality Management，DQM)。

数据清洗对随后的数据分析非常重要，因为它能提高数据分析的准确性。但是数据清洗依赖复杂的关系模型，会带来额外的计算和延迟开销，所以必须在数据清洗模型的复杂性和分析结果的准确性之间进行平衡。

数据清洗通过分析"脏数据"产生的原因和存在形式，利用数据溯源的思想，从"脏数据"产生的源头开始分析数据，对数据流经环节进行考察，提取数据清洗的规则和策略，对原始数据集应用数据清洗规则和策略来发现"脏数据"，并通过特定的清洗算法来清洗"脏数据"，从而得到满足预期要求的数据。具体而言，数据清洗流程包含以下基本步骤。

(1) 分析数据并定义清洗规则。

(2) 搜寻并标识错误实例。

(3)　纠正发现的错误。

(4)　干净数据回流。

(5)　数据清洗的评判。

数据清洗是一项十分**繁重**的工作，它在提高数据质量的同时要付出一定的代价，包括投入的时间、人力和物力成本。通常情况下，大数据集的数据清洗是一项系统性的工作，需要多方配合以及大量人员的参与，需要多种资源的支持。这些资源包括：

- 数据清洗环境，其为进行数据清洗所提供的基本硬件设备和软件系统，特别是已得到广泛应用的开源软件和工具。
- 终端窗口和命令行界面，比如 Mac OS X 上的 Terminal 程序或 Linux 上的 bash 程序。
- 适合程序员使用的编辑器，如 Mac 上的 Text Wrangler，Linux 上的 vi 或 emacs，或是 Windows 上的 Notepad++、Sublime 编辑器等。
- Python 客户端程序，如 Enthought Canopy。另外，还需要足够的权限来安装一些程序包文件。
- 电子表格程序，如 Microsoft Excel 和 Google Spreadsheets。其可用于数据呈现和可视化，并且以恰当的方式展示数据分析和挖掘的结果。
- 数据库软件，如 MySQL 数据库和 Microsoft Access 等。

知识 5.2　大数据清洗的目的

大数据清洗的主要目的是实现数据标准化规范化。数据标准化规范化(Data Standardization/Normalization)是机构或组织对数据的定义、组织、分类、记录、编码、监督和保护进行标准化的过程，有利于数据的共享和管理，可以节省费用，提高数据使用效率和可用性。

数据标准化处理主要包括数据同趋化处理和无量纲化处理两个方面。

(1)　数据同趋化处理主要解决不同性质数据问题。对不同性质指标直接加总不能正确反映不同作用力的综合结果，必须先考虑改变逆指标数据性质，使所有指标对测评方案的作用力同趋化，然后再加总才能得出正确结果。

(2)　数据无量纲化处理主要用于消除变量间的量纲关系，解决数据评价分析中数据的可比性。例如，多指标综合评价方法需要把描述评价对象不同方面的多个信息综合起来得到一个综合指标，由此对评价对象做整体评判，并进行横向或纵向比较。

数据标准化方法通常有下列几种。

1. max-min 标准化

对原始数据进行线性变换。设 minA 和 maxA 分别为属性 A 的最小值和最大值，将 A 的一个原始值 x 通过 max-min 标准化映射成在区间[0,1]中的值 x'，其公式为

$$x'=(x-minA)/(maxA-minA)$$

2. z-score 标准化

基于原始数据的均值(mean)和标准差(standard deviation)进行数据的标准化，将 A 的原始值 x 标准化到 x'，其公式为

$$x'=(x-mean)/\ standard\ deviation$$

3. decimal scaling 标准化

通过移动数据的小数点位置来进行标准化。小数点移动多少位取决于属性 A 的取值中的最大绝对值。属性 A 的原始值 x 到 x'的计算方法公式为

$$x'=x/(10^{\wedge}j)$$

其中，j 是满足条件的最小整数。

4. 其他标准化方法

还有一些标准化方法的做法是将原始数据除以某一值，如将原始数据除以行或列的和，称总和标准化。原始数据除以每行或每列中的最大值，叫作最大值标准化。原始数据除以行或列的和的平方根，则称为模标准化(normal standardization)。

知识 5.3　大数据清洗的技术

数据清洗是将重复、多余的数据筛选清除，将缺失的数据补充完整，将错误的数据纠正或者删除，最后整理成为我们可以进一步加工、使用的数据。所谓的数据清洗，也就是 ETL 处理，包含抽取(extract)、转换(transform)、加载(load)这三大法宝。在大数据挖掘过程中，面对的至少是 GB 级别的数据量，包括用户基本数据、行为数据、交易数据、资金流数据以及第三方的数据，等等。选择正确的方式来清洗特征数据极为重要，除了让你能够事半功倍，还至少能够保证在方案上是可行的。数据清洗的一般步骤分为分析数据、缺失值处理、异常值处理、去重处理、噪声数据处理。在大数据生态圈，有很多来源的数据 ETL 工具，但是对于公司内部来说，稳定性、安全性和成本都是必须考虑的。

1. ETL 概述

ETL 是英文 Extract-Transform-Load 的缩写，用来描述将数据从来源端经过萃取(extract)、转换(transform)、加载(load)至目的端的过程。ETL 一词较常用在数据仓库，但其对象并不限于数据仓库。随着数据量越来越多，提取有价值的数据就越来越重要。这就要求充分考虑企业的需求，以及数据评估、数据集成和最终用户提交接口界面等因素。

(1) 业务需求

业务需求是数据仓库最终用户的信息需求，它直接决定了数据源的选择。在许多情况下，最初对于数据源的调查不一定完全反映数据的复杂性和局限性，所以在 ETL 设计时，需要考虑原始数据是否能解决用户的业务需求；同时，业务需求和数据源的内容是不断变化的，需要对 ETL 不断进行检验和讨论。

对数据仓库典型的需求如下。

- 数据源的归档备份以及随后的数据存储。
- 任何造成数据修改的交易记录的完整性证明。
- 对分配和调整的规则进行完备的文档记录。
- 数据备份的安全性证明，不论是在线进行还是离线进行。

(2) 数据评估

数据评估是使用分析方法来检查数据，充分了解数据的内容、质量。设计好的数据评估方法能够处理海量数据。

例如，企业的订单系统，能够很好地满足生产部门的需求。但是对于数据仓库来说，因为数据仓库使用的字段并不是以订单系统中的字段为中心，因此，订单系统中的信息对于数据仓库的分析来讲是远远不够的。

数据评估是一个系统的检测过程，主要针对 ETL 所需要的数据源的质量、范围和上下文进行检查。对于一个清洁的数据源，只需要进行少量的数据置换和人工干预就可以直接加载和使用。因此，需要对脏数据源进行处理。

对"脏"数据源进行操作处理，主要包括以下几个方面。

- 完全清除某些输入字段。
- 补入一些丢失的数据。
- 自动替换掉某些错误数据值。
- 在记录级别上进行人工干预。
- 对数据进行完全规范化的表述。

(3) 数据集成

在数据进入数据仓库之前，需要将全部数据无缝集成到一起。数据集成可采用规模化的表格来实现，也就是在分离的数据库中建立公共维度实体，从而快速构建报表。

在 ELT 系统中，数据集成是数据流程中一个独立的步骤，叫作规格化步骤。

(4) 最终用户提交界面

ETL 系统的最终步骤是将数据提交给最终用户，提交过程占据十分重要的位置，并对构成用户最终应用的数据结构和内容进行严格把关，确保其简单快捷。

2. ETL 构成

传统的 ETL 由数据抽取、数据转换、数据加载构成，如图 5-1 所示。

图5-1   ETL基本构成

(1) 数据抽取

所谓数据抽取，就是从源端数据系统中抽取目标数据系统需要的数据。

进行数据抽取的原则：一是要求准确性，即能够将数据源中的数据准确抽取到；二是不对源端数据系统的性能、响应时间等造成影响。数据抽取可分为全量抽取和增量抽取两种方式。

① 全量抽取。

全量抽取好比数据的迁移和复制，它是将源端数据表中的数据一次性全部从数据库中抽取出来，再进行下一步操作。对于文件数据一般会采用全量抽取。

② 增量抽取。

增量抽取主要是在第一次全量抽取完毕后，需要对源端数据中新增或修改的数据进行抽取。增量抽取的关键是抽取自上次以来，数据表中已经变化的数据。

例如，在新生入学时，所有学生的信息采集整理属于全量抽取；在后期，如果有个别学生或部分学生需要休学，对这部分学生的操作即属于增量抽取。增量抽取一般有 4 种抽取模式。

- 触发器模式，这是普遍采用一种抽取模式。一般是建立 3 个触发器，即插入、修改、删除，并且要求用户拥有操作权限。当触发器获得新增数据后，程序会自动从临时表中读取数据。这种模式性能高、规则简单、效率高，且不需要修改业务系统表结构，可实现数据的递增加载。

- 时间戳方式，即在源数据表中增加一个时间戳字段。当系统修改源端数据表中的数据时，同时修改时间戳的值。在进行数据抽取时，通过比较系统时间和时间戳的值来决定需要抽取哪些数据。

- 全表对比方式，即每次从源端数据表中读取所有数据，然后逐条比较数据，将修改过的数据过滤出来。此种方式主要采用 MD5 校验码。全表对比方式不会对源端表结构产生影响。

- 日志对比方式，即通过分析数据库的日志来抽取相应的数据。这种方式主要是在 Oracle 9i 数据库中引入的。

以上 4 种方式中，时间戳方式是使用最为广泛的，在银行业务中采用的就是时间戳方式。

(2) 数据转换

数据转换就是将从数据源获取的数据按照业务需求，通过转换、清洗、拆分等步骤，加工成目的数据源所需要的格式。数据转换是 ETL 过程中最关键的步骤，它主要是对数据格式、数据类型等进行转换。它可以在数据抽取过程中进行，也可以通过 ETL 引擎进行。数据转换的原因非常多，主要包括以下 3 种。

- 数据不完整，指数据库的数据信息缺失。这种转换需要对数据内容进行二次输入，以进行补全。

- 数据格式错误，指数据超出数据范围。可通过定义完整性进行模式约束。

- 数据不一致，即主表与子表的数据不能匹配。可经过业务主管部门确认后，再进行二次抽取。

(3) 数据加载

数据加载是 ETL 的最后一个步骤，即将数据从临时表或文件中，加载到指定的数据仓库中。一般来说，有直接 SQL 语句操作和利用装载工具进行加载两种方式，最佳装载方式取决于操作类型以及数据的加载量。

3. ETL 技术选型

ETL 技术的选型，主要从成本、人员、案例和技术支持来衡量。目前流行的 3 种主要技术为 Datastage、Powercenter 和 ETL Automation。

在 Datastage 和 Powercenter 中，ETL 技术选型可以从对 ETL 流程的支持、对元数据的支持和对数据质量的支持来考虑，同时从兼顾维护的实用性、定制开发的支持等方面考虑。在 ETL 中，数据抽取过程多则上百，少则十几个，它们之间的依赖关系、出错控制及恢复的流程都是需要考虑的。

ETL Automation 的技术选型，没有将重点放在转换上，而是利用数据本身的并行处理能力，用 SQL 语句来完成数据转换工作，重点放在对 ETL 流程的支撑上。

知识 5.4　大数据清洗的路径

数据清洗中，通常包含一般文本的数据清洗、Web 数据的清洗以及关系数据库(RDBMS)数据清洗的技术途径，如图 5-2 所示。

图5-2　数据清洗的技术途径

1. 文本清洗路线

对文本进行清洗主要包括电子表格中的数据清洗和文本编辑器的数据清洗。对电子表格中的数据清洗，主要是利用表格中的行和列，以及电子表格中的内置函数。我们通常把一些数据复制到电子表格中，电子表格根据相应分隔符(制表位、逗号或其他)把数据分成不同的列。有时候会根据系统不同人为地指定分隔符。对于文本编辑器中的数据清洗，主要是使用操作系统中集成的文本编辑器，如 Windows 操作系统中的文本编辑器。在进行文本清洗前，需要对数据进行整理，包括对数据中的数据改变大小写、在文本每一行前端增加前缀，主要是为了在转换过程中有可以参考的分隔符。

2. RDBMS 清洗路线

RDBMS 即关系型数据库管理系统，它作为经典的、长期使用的数据存储解决方案，成为数据存储的标准。但由于不同的人在设计数据库时，往往存在设计缺陷，所以需要对数据库的数据进行清洗，通过清洗可以找到异常数据。通常使用不同的策略来清洗不同类型的数据。对于 RDBMS 数据的清洗，有两种方式可以选择，可以先把数据导入数据库，然后在数据库端进行清洗；也可以在电子表格或文本编辑器中进行清洗。具体选择哪种方案，可根据不同的数据进行不同的选择。

3. Web 内容清洗路线

Web 内容清洗，主要是清洗来自网络的数据，为其构建合理的清洗方案。Web 数据主要来自 HTML 网页，HTML 网页的页面结构决定了采取哪种方式。

(1) HTML 页面结构

从 Web 中进行数据抽取，可有两种不同的方式，一种是行分隔方式，另一种是树形结构方式。

- 在行分隔方式中，我们把网页的数据看作文本内容，把网页中的标签理解为分隔符，这样在进行数据抽取时就比较容易。
- 在树形结构方式中，把网页中的内容理解为由标签组成的树形结构，每个标签看作一个节点，所有节点组成一棵树。这样就可根据树中元素的名字和位置提取相应的数据。

(2) 清洗方式

Web 内容清洗可以有两种方式，一种是逐行方式，另一种是使用树形结构方式。

- 逐行方式中，采用基于正则表达式的 HTML 分析技术，它是基于文件中的分隔符，配合正则表达式，获取需要的数据。
- 树形结构中，可以使用工具实现数据的清洗。一种是使用 Python 中的 Beautiful Soup 库；另一种是使用一些基于浏览器的工具，如 Scraper 工具。

【项目实施】

任务 1　基于 Web 信息的清洗

任务 1.基于 Web 信息
的清洗.mp4

【1】任务简介

通过 Python 网络爬虫爬取回来的数据，由于部分数据存在日期格式不正确、数据残缺、数据重复等现象，因此需要对其进行清洗。清洗可以采取 Excel、Kettle、Java 或 Python 编程等方式实现。

【2】相关知识

Excel 数据清洗的内容主要包括以下方面。

1. 拼写检查

使用拼写检查不仅可查找拼写错误的单词，还可查找使用不一致的值(如产品或公司名称)，只需将这些值添加到自定义词典即可。

2. 删除重复行

导入数据时，重复行是一个常见问题。最好先筛选唯一值，确认结果是所需结果，然后再删除重复值。

3. 查找和替换文本

若要删除常见的前导字符串(例如后跟冒号和空格的标签)或后缀(例如已过时或不必要的字符串结尾处的附加说明短语)，可查找文本的实例，然后将其替换为无文本或其他文本。

4. 更改文本大小写

有时文本格式混乱，尤其是文本大小写方面。使用三种 Case 函数中的一种或多种，可将文本转换为小写字母(如电子邮件地址)、大写字母(如产品代码)或首字母大写(如姓名或书名)。

5. 删除文本中的空格和非打印字符

若文本值中包含前导空格、尾随空格、多个嵌入空格字符(Unicode 字符集值 32 和 160)或非打印字符(Unicode 字符集值 0～31、127、129、141、143、144 和 157)，执行排序、筛选或搜索操作时，这些字符有时会导致意外结果。 例如，在外部数据源中，用户可能会无意中添加额外的空格字符，从而导致打字错误，或者从外部源导入的文本数据包含嵌入在文本中的非打印字符。由于这些字符不容易引起注意，因此意外结果可能很难理解。若要删除这些不需要的字符，可组合使用 TRIM、CLEAN 和 SUBSTITUTE 函数。

6. 修复数字和数字符号

主要有两个数字问题需要进行数据清理：无意中将数字导入为文本，以及需要根据组织的标准更改负号。

7. 修复日期和时间

由于存在许多不同的日期格式，并且这些格式可能混杂有编号部件代码或其他包含斜杠标记或连字符的字符串，因此日期和时间数据通常需要进行转换和重新设置格式。

8. 合并和拆分列

从外部数据源导入数据后的常见任务是将两列或多列合并为一列，或将一列拆分为两列或多列。例如，需要将包含全名的列拆分为名字和姓氏，或者需要将包含地址字段的列拆分为单独的街道、城市、地区和邮政编码列。反之，也可能需要将名字和姓氏列合并为一个全名列，或者将多个单独的地址列合并为一列。其他可能需要合并为一列或拆分为多列的常见值包括产品代码、文件路径和 Internet 协议 (IP) 地址。

9. 转换和重新排列列及行

Microsoft Excel 中的大多数分析和格式设置功能都假设数据存在于单个平面二维表中。有时需要将行转换为列、将列转换为行。有时数据甚至不是表格格式结构，需要使用一种方法将数据从非表格格式转换为表格格式。

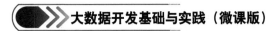

10. 通过链接或匹配协调表格数据

有时，数据库管理员会使用 Microsoft Excel 查找并更正两个或多个表链接时的匹配错误。这可能涉及协调不同工作表中的两个表，例如，查看两个表中的所有记录，或比较两个表并查找不匹配的行。

Pandas 是 Python 的一个数据分析包，该工具为解决数据分析任务而创建。其纳入大量库和标准数据模型，提供高效的操作数据集所需的工具。同时提供大量能使我们快速便捷地处理数据的函数和方法。Pandas 是字典形式，基于 NumPy 创建，让 NumPy 为中心的应用变得更加简单。其使用步骤如下。

(1) Pandas 导入与设置

在使用 Pandas 时，一般先导入 pandas 库。代码如下：

```
import pandas as pd
```

在默认情况下，如果数据集中有很多列，并非所有列都会显示在输出显示中。可以使用以下代码行来设置输出显示中的列数：

```
pd.set_option('display.max_columns', 500)
```

500 表示列的最大宽度。也就是说，在调用数据帧时最多可以显示 500 列。默认值仅为 50。此外，如果想要扩展显示的行数，可以通过如下代码进行设置：

```
pd.set_option('display.max_rows', 500)
```

(2) 读取数据集

导入数据是第一步，使用 Pandas 可以很方便地读取 Excel 数据或者 CSV 数据，使用代码如下：

```
pd.read_csv("Soils.csv")
pd.read_excel("Soils.xlsx")
```

括号内的 Soils.csv 是上传的数据文件名，如果数据文件不在当前工作路径中，则需要加上路径信息。如果读取的文件没有列名，需要在程序中设置 header，举例如下：

```
pd.read_csv("Soils.csv",header=None)
```

如果碰巧数据集中有日期时间类型的列，那么就需要在括号内设置参数 parse_dates = [column_name]，以便 Pandas 可以将该列识别为日期。例如，如果数据集中有一个名为 Collection_Date 的日期列，则读取代码如下：

```
pd.read_excel("Soils.xls", parse_dates = ['Collection_Date'])
```

(3) 探索 DataFrame

以下是查看数据信息的 5 个最常用的函数。

- df.head()：默认返回数据集的前 5 行，可以在括号中更改返回的行数，如 df.head(10)将返回 10 行。
- df.tail()：返回数据集的最后 5 行。同样可以在括号中更改返回的行数。
- df.shape：返回表示维度的元组。例如输出(48,14)表示 48 行 14 列。

- df.info()：提供数据摘要，包括索引数据类型、列数据类型、非空值和内存使用情况。
- df.describe()：提供描述性统计数据。

以下是一些用来查看数据某一列信息的几个函数。

- df['Contour'].value_counts()：返回计算列中每个值出现的次数。
- df['Contour'].isnull().sum()：返回 Contour 列中空值的计数。
- df['pH'].notnull().sum()：返回 pH 列中非空值的计数。
- df['Depth'].unique()：返回 Depth 列中的唯一值。
- df.columns：返回所有列的名称。

(4) 选择数据

列选择：如果只想选择一列，可以使用 df['Group']，这里的 Group 是列名。要选择多个列，可以使用 df[['Group', 'Contour', 'Depth']]。

子集选择/索引：如果要选择特定的子集，可以使用.loc 或.iloc 方法。基本使用方法如下。

- df.loc[:,['Contour']]：选择 Contour 列的所有数据。其中单冒号表示选择所有行。在逗号的左侧，可以指定所需的行，并在逗号的右侧指定列。
- df.loc[0:4,['Contour']]：选择 Contour 列的 0～4 行。
- df.iloc[:,2]：选择第二列的所有数据。
- df.iloc[3,:]：选择第三行的所有数据。

(5) 数据清洗

数据清洗是数据处理一个绕不过去的坎。通常我们收集到的数据都是不完整的，缺失值、异常值等都是需要处理的。Pandas 中提供了多个数据清洗的函数。

① 数值替换：

```
df.replace({'Topk': 'Top'}, inplace=True)
```

② 删除空值：

```
df['pH'].dropna(inplace=True)
```

③ 输入空值：

```
df['pH'].fillna(df['pH'].mean(), inplace=True)
#nulls are imputed with mean of pH column
```

④ 删除行和列：

```
df.drop(columns = ['Na'], inplace = True) #This drops the 'Na' column
df.drop(2, axis=0, inplace=True) #This drops the row at index 2
```

值得注意的是，axis = 0 表示删除行。可以使用 axis = 1 来删除列。

⑤ 更改列名称：

```
df.rename(columns = {'Conduc' : 'Cond', 'Dens' : 'Density'}, inplace = True)
```

⑥ 数据处理：

可以使用.apply 在数据的行或列中应用函数。下面的代码将平方根应用于 Cond 列中的所有值：

```
df['Cond'].apply(np.sqrt)
```

【3】任务实施

本项任务先通过对网络爬虫爬取回来的数据进行格式化，如图 5-3 所示；然后对爬取回来的数据进行清洗等预处理操作。

min_edu	Com_	Person	Positic	Com_scale	Experience	Name	Com_trad	Com_	Pay
大专	私营	2人	java开发	500-1000	不限	软件工程师	互联网	全职	4001-8000
本科	事业	3人	php前端	50-100	3-5年	php前端	计算机软件	全职	5001-8000
大专	私营	4人	数据库开发	20-50	2年以上	数据库开发	互联网	全职	4001-1000
本科	私营	5人	运维	50-100	2年	运维	互联网	全职	4001-6000
硕士	事业	6人	java开发	20-100	1年	java开发	计算机软件	全职	4001-8004
大专	私营	2人	php前端	50-100	不限	php前端	互联网	全职	4001-8000
本科	私营	3人	数据库开发	20-50	3年	数据库开发	互联网	全职	5001-8000
大专	事业	4人	运维	500-1000	2年以上	运维	计算机软件	全职	4001-1000
本科	私营	2人	java开发	50-100	2年	java开发	互联网	全职	4001-6000
硕士	私营	6人	php前端	50-100	1年	php前端	互联网	全职	4001-8004
大专	事业	2人	数据库开发	20-50	不限	数据库开发	计算机软件	全职	4001-1000
大专	私营	3人	运维	50-100	3年	运维	互联网	全职	4001-6000
大专	私营	4人	java开发	20-100	2年以上	java开发	互联网	全职	4001-1000
本科	股份所	15人	php前端	500-1000	2年	php前端	计算机软件	全职	4001-6000
硕士	私营	6人	数据库开发	50-100	1年	数据库开发	互联网	全职	4001-8004
大专	私营	2人	运维	20-50	不限	运维	互联网	全职	4001-1000
本科	事业	3人	java开发	50-100	3年	java开发	计算机软件	全职	5001-8000
大专	私营	4人	php前端	20-100	2年以上	php前端	互联网	全职	4001-6000
大专	私营	1人	数据库开发	500-1000	2年	数据库开发	互联网	全职	4001-6000
硕士	事业	6人	运维	50-100	1年	运维	计算机软件	全职	4001-8004
大专	私营	2人	java开发	20-50	不限	java开发	互联网	全职	4001-8000
本科	私营	3人	php前端	50-100	3年	php前端	互联网	全职	5001-8000
大专	事业	3人	数据库开发	20-100	2年以上	数据库开发	计算机软件	全职	4001-1000
本科	私营	5人	运维	500-1000	2年	运维	互联网	全职	4001-6000
硕士	私营	6人	java开发	50-100	1年	java开发	互联网	全职	4001-8004

图5-3 网络爬虫爬取回来的部分数据

1. 数据清洗的实现

在本节我们分四个阶段对上面采集到的数据进行清洗，分别是数据的正确性检测、离群点检测、遗漏值检测，以及重复数据检测阶段，利用这几个阶段可纠正采集到的错误数据。在清洗数据的过程中，将结合 Python 的两个常用工具库 Pandas 和 NumPy 并利用其封装的数据分析方法和计算能力对数据进行清洗。

(1) 数据正确性检测阶段

该阶段主要是检测采集数据的正确性，即单条数据属性是否为初始设计中的 10 项属性(由于 mongodb 数据库在数据导入的过程中会自动新增唯一标识 objectid 列，因此在数据正确性检测中未将其算入)。对于数据正确性的检测，具体的流程如下所示。

第一步：操作 mongodb 导出所有的数据，导出格式为 csv。该步骤可以通过 mongo shell 的命令行语句实现：

```
mongoexport -h[数据库地址]-port[数据库账号]-password[数据库密码]-db[数据库名]-collection27017 -username[数据集名]-typecsv -o data.csv
```

第二步：通过 Pandas 的 read_csv 方法载入数据集并赋予变量 data，以便后续分析。

第三步：判断数据采集的正确性，主要从以下几个方面进行。

① 数据总数校验(数据行数校验)：

```
print(data. count())
```

#控制台输出结果为：

```
RangeIndex(start=0, stop=5330, step=1)
```

显示结果为数据采集了 5330 条，与预计采集总数相同。校验成功。

② 数据列数校验：

```
print(data. colums)
```

#控制台输出结果为：

```
Index(['Unnamed: 0
   'min_edu',
Com_property,
Person,
Position,
Com_scale,
Experience,
Name,
Com_trade',
Com_property,
Pay,
dtype='obj ect')
```

可以看出采集的数据属性共有 10 项，符合原定采集的设想，校验成功。通过检测发现，采集数据符合流程设计时的需求，为正确数据集。

(2) 离群点检测阶段

该阶段的目标是排除偏离中心数据相对远的少数离群数据，去除该数据有利于提高建模数据的稳定性。本次数据分析的核心点在于对招聘信息的薪资情况分析。因而在检测离群数据时，将会检测不同职位下薪资情况的分布并对该体系下的离群点进行适当的处理，具体流程如下。

第一步：获取所有的职位类别。使用 data['position']. describe()可以查看到该列的数据分布情况。数据集中共有职位 33 种，由于每一种职位的分析过程相似，本文将只抽取频数最高的软件工程师职位数据进行详述。

第二步：获取职位为软件工程师的所有招聘数据，使用 Pandas 数据结构 DataFrame 的 value counts 方法统计出该职位的薪资分布数据。根据汇总结果得出，在这 5330 条招聘信息中，薪资总计有 89 种，其中频数仅为 1 的有 30 种共 30 条信息，在该类招聘信息集中占比约为 0.09%，为最小占比。此类数据具有较明显的单例性，无法反映数据集的普遍分布规律，认为存在明显的离群特性，将给予删除处理。因此最后将留下 1054 条数据，共有 59 种薪资分布情况。

对所有职位的薪资分布情况按第二步的方式进行检测排除，将数据占比低于 0.1%的数据去除，完成离群点的检测和处理。

(3) 遗漏值检测阶段

该阶段对数据的遗漏情况进行检测，主要判断是否存在空数据或者无法识别的数据。通过 data .isnull(). any()进行初步检测，结果如下。

```
min eduFalse
person       False
position     False
com scale    False
experience   False
name         False
com trade    False
com-property False
property     False
pay          False
```

从上面的检测结果可以看出不存在空数据。

(4) 重复数据检测阶段

重复数据会影响最终生成的模型分析结果，应该在数据清理阶段进行排除。利用 Pandas 的 duplicated 方法能够检测数据中是否存在重复项、遍历生成的检测结果，当值为 True 的时候在控制台输出提示，操作如下。

```
dupdata=data. duplicated()
count=0;
for item in dupdata:
    if(item):
            count+=1
print('total dup count:', count)
#结果为total dup count: 18
```

出现该结果的原因在于，在数据爬取的过程中出现了重复请求数据的操作。因此在该阶段，对重复数据进行删除，得到唯一的数据集。采集的数据中，共存在 10 个属性列。通过观察，发现招聘职业和招聘条目名存在着重复描述，同时招聘条目名不存在分类特性，该属性值无法有效地对数据进行分类处理。因此，去除招聘条目列信息。

2. 数据变换

在采集的数据集信息中可以看到，数据值的显示呈现多样化，这对后续建模的处理造成了一定的难度。本节需要对数据属性值进行相应的变换，方便后续建模的实现。根据前文所述，数据属性为 10 个，接下来会对如下属性进行分析和合适的变换操作。

(1) 最低学历(min_edu)

获取所有学历的信息，最低学历频数如表 5-1 所示。

从数据汇总结果可以看到，主要可以分成 4 种区间。对所有数据进行整合后，归类为 4 类数值属性，如表 5-2 所示。

表5-1　最低学历与频数关系表

最低学历	频　数
不限	589
高中	10
中专	102
中技	22
大专	2103
本科	2438
硕士	63
博士	3

表5-2　原分类与数值计数表

原 分 类	映射数值属性	计　数
不限+高中+中专+中技	0	723
大专	1	2103
本科	2	2438
硕士+博士	3	67

(2)　招聘人数(person)

同上，获取招聘人数的统计信息，招聘人数与频数关系表如表 5-3 所示。

表5-3　招聘人数与频数关系表

招聘人数/人	频　数
1	2445
2	1019
3	753
4	178
5	635
……	……
50	4
55	1
65	1
999	18
若干	24

统计结果显示，在人数的划分中，存在大量的分类情况，这会给后续建模增加大量的维度信息。通过表格数据，可以将低频数据进行合并分类，降低分类的维度。重映射的人数分类表如表 5-4 所示。

表5-4　重映射的人数分类表

新 分 类	映射数值属性	计 数
1人	1	2445
2人	2	1019
3人	3	753
4人	4	178
5人	5	635
6人及以上	6	300

（3）工作性质(property)

数据集中，工作性质频数表如表 5-5 所示。

表5-5　工作性质频数表

工作性质	频 数
全职	5048
实习	24
校园	5
兼职	4

根据表 5-5 可以看出，招聘的工作性质主要是全职。现将上述标量属性进行数值化映射，以方便后续的建模计算。重映射的工作性质频数表如表 5-6 所示。

表5-6　工作性质频数表

工作性质	映射数值属性
全职	0
实习	1
校园	2
兼职	3

（4）公司性质(com-property)

数据集中，统计的公司性质频数表如表 5-7 所示。

表5-7　公司性质频数表

公司性质	频 数
民营	3661
股份制企业	458
上市公司	295
合资	170
外商独资	169
国企	108

续表

公司性质	频　数
港澳台公司	19
事业单位	16
代表处	3
其他	130
保密	52

对公司属性进行数值映射，重映射公司性质频次表如表 5-8 所示。

表5-8　公司性质映射数值属性表

公司性质	映射数值属性
民营	0
股份制企业	1
上市公司	2
合资	3
外商独资	4
国企	5
港澳台公司	6
事业单位	7
代表处	8
其他	9
保密	10

(5)　公司行业(com_rade)

公司行业数据种类较多，通过 Pandas 的统计描述功能得出共有 50 种不同的公司行业分类。同样，在数据处理阶段，对该类标量值进行数值映射，公司行业频数表及重映射属性如表 5-9 所示。

表5-9　公司行业频数表

公司行业	频　数	映射数值属性
互联网/电子商务	1568	0
计算机软件	906	1
电子技术/半导体/集成电路	479	2
……		
政府/公共事业/非营利机构	1	48
中介服务	1	49

(6)　工作经验(experience)

同上，可对数据的工作经验值进行数值映射，工作经验频数映射如表 5-10 所示。

表5-10 工作经验频数表

工作经验	频 数	映射数值属性
无经验	156	0
1 年以下	177	1
1～3 年	1534	2
3～5 年	1479	3
5～10 年	387	4
10 年以上	6	5
不限	1342	6

(7) 招聘职位(position)

同上，可对数据的招聘职位进行数值映射，招聘职位频数映射如表 5-11 所示。

表5-11 招聘职位频数映射表

招聘职位	频 数	映射数值属性
软件工程师	996	0
高级软件工程师	487	1
Java 开发工程师	407	2
……		
仿真应用工程师	9	30
计算机辅助设计师	7	31
高级硬件工程师	1	32

(8) 公司规模(com_ scale)

公司规模频数表如表 5-12 所示。

表5-12 公司规模频数表

公司规模	频 数
20	256
20～99	1785
100～499	1938
500～999	442
1000～9999	699
10000	198
保密	12

为了提高分类效率，可以对公司规模范围进行定义，重映射公司规模区，如表 5-13 所示。

(9) 每月薪资

月薪资的数据是本次试验的主要分析信息之一，现数据集中薪资的属性值呈现为区间

值，例如 5000～8000。通过统计得出，该区间值存在 178 种，这样的离散值在后续建模的过程中会创建出 178 种分类，使得数据的维度变得非常庞大，将大大降低建模的效率和性能。

表5-13　重映射公司规模区

区　间	映射数值属性	频　数
100 以下	0	2041
500 以下	1	1938
10000 以下	2	1141
10000 以上	3	12

首先，可以将原先的薪资范围字符串转换为有效的数值信息。例如，薪资为 5000～8000，在对其进行转换的过程中，可以取其中值作为该招聘信息的最终月薪值。

然后，在数值转变完成后，对薪资再进行划分区间。此时薪资数据已转为数值型，具备重划分区间的基础条件。通过数据统计，得到月薪资特性数据，如表 5-14 所示。

表5-14　月薪资特性

标　题	值
最低薪资	1000
最高薪资	100000
平均薪资	12087
步长	2217

现将薪资以平均值为中介线，将数据分为 A 和 B 两段，再将 A、B 区间划分为 5 个等步长的区间。最终将薪资范围划分为 10 个阶段。通过计算可以得出最终划分区间，其中，A 区间薪资特性如表 5-15 所示。

表5-15　A区间薪资特性

标　题	值
最低薪资	1000
平均薪资	12087
步长	2217

B 区间薪资特性如表 5-16 所示。

表5-16　B区间薪资特性

标　题	值
最高薪资	100000
平均薪资	12087
步长	17582

最终薪资区间映射如表 5-17 所示。

表5-17　最终薪资区间表

编　号	范　围
1	1000～3217
2	3218～5434
3	5435～7651
4	7652～9868
5	9869～12085
6	12086～29667
7	29668～47249
8	47250～64381
9	64382～82413
10	82414～100000

通过划分，将薪资转为 1～10 的范围区间值，有效地对数据进行了规整和分级。

3. 新增数据特征

本次任务的主要目的在于创建数据模型，用于评估招聘信息所提供岗位的薪资待遇情况。在本节，将新增特征属性招聘待遇(treatment)。该属性的具体值需要通过评估得到，通过观察数据以及实际生活中的招聘情况，选定从两个方向进行评估，即招聘职业和每月薪资。这两个属性所反映的是不同职业的薪资待遇详情。同样以软件工程师职业为例，新增特征值的过程如下。

(1) 筛选出 position 为软件工程师的所有数据。

(2) 对筛选出的数据薪资分布进行汇总，找出分布规律。通过上面的方法确定软件工程师招聘信息薪资特性汇总如表 5-18 所示。

表5-18　软件工程师招聘信息薪资汇总表

指　标	值
数据总数	994
平均值	4.57
最小值	1
最大值	7

同时，统计出该职业的薪资频数统计情况，如表 5-19 所示。

(3) 绘制条形图，最终对该职位的数据进行新增属性赋值。软件工程师招聘信息薪资频数条形图如图 5-4 所示。

从图像中可以直观地看出，薪资为 6 区间(12086～29667)的数据量最多，其余主要分布在 2、3、4、5 区间。最低频数在 1 和 7 区间。结合统计的平均值，可以将特征属性薪资待遇的值进行定义，重映射薪资待遇情况划分如表 5-20 所示。

表5-19 软件工程师薪资频数统计表

pay 值	频 数
1	8
2	112
3	159
4	151
5	153
6	408
7	3

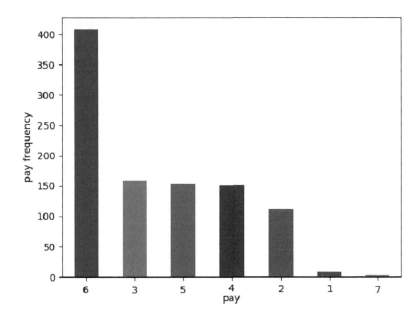

图5-4 招聘信息薪资频数条形图

表5-20 重映射薪资待遇情况划分表

pay 值	招聘待遇	数 值 化
1~4	较低	0
5~6	合适	1
7	较高	2

经过分析, 已对所有的软件工程师招聘信息新增了薪资待遇(treatment)这一新属性, 并根据薪资的情况分别进行了较低、合适和较高三种标量赋值。随后对所有的职位数据进行相应的赋值处理。至此, 完成了整个数据预处理阶段的操作。

【4】任务拓展

在学习完 Hadoop 的 MapReduce 编程模型后，尝试利用 Java 语言编写 MapReduce 程序，实现大数据的清洗操作。

任务 2　基于 Kettle 的数据清洗

【1】任务简介

任务 2.基于 Kettle 的数据清洗.mp4

现有一个关于银华基金的基金名称和基金代码信息的数据集，如图 5-5 所示。由于原始数据是通过网络爬虫爬取获得的，所以数据集存在数据错误和重复的问题；另外，爬取的基金名称是字符串型数据，有可能出现字符编码的乱码或者字符串带换行符等问题，所以需要对该数据集做清洗操作。本任务介绍利用 Kettle 实现数据清洗的过程。

比较	序号	基金代码	基金简称	日期	单位净值	累计净值	日增长率	近1周	近1月	近3月	近6月	近1年	近2年	近3年	今年来	成立来	自定义
☐	1	003741	鹏华丰盈债券	06-18	1.3227	1.4106	0.01%	30.93%	31.06%	31.65%	33.09%	36.31%	42.09%	----	32.73%	44.11%	36.25%
☐	2	003304	前海开源沪港	06-18	1.1930	1.2230	0.85%	4.65%	10.70%	0.86%	21.59%	22.20%	20.04%	----	22.68%	22.44%	26.10%
☐	3	003305	前海开源沪港	06-18	1.1890	1.2190	0.85%	4.57%	10.74%	0.77%	21.43%	23.15%	19.64%	----	22.53%	22.04%	26.99%
☐	4	001162	前海开源优势	06-18	1.0560	1.0560	1.54%	4.14%	11.86%	4.97%	22.65%	-10.28%	9.20%	27.23%	26.32%	5.60%	-6.55%
☐	5	001638	前海开源优势	06-18	1.1590	1.1590	1.58%	4.13%	11.76%	4.98%	22.65%	-10.36%	9.13%	26.39%	26.25%	15.90%	-6.61%
☐	6	005138	前海开源润鑫	06-18	1.2880	1.2880	1.75%	4.08%	7.16%	-1.25%	20.78%	28.89%	----		23.74%	28.80%	29.14%
☐	7	005139	前海开源润鑫	06-18	1.2834	1.2834	1.75%	4.08%	7.16%	-1.28%	20.71%	28.78%	----		23.68%	28.34%	29.02%
☐	8	161127	易标普生物科	06-17	1.2798	1.2798	4.68%	3.92%	3.44%	-3.88%	12.82%	-6.17%	17.18%		17.52%	27.98%	----
☐	9	005506	前海开源丰鑫	06-18	1.2811	1.2811	1.59%	3.73%	6.80%	-7.00%	16.65%	28.72%	----		19.74%	28.11%	28.82%
☐	10	005505	前海开源丰鑫	06-18	1.2821	1.2821	1.60%	3.73%	6.82%	-6.98%	16.71%	28.78%	----		19.80%	28.21%	28.88%
☐	11	160140	南方道琼斯美	06-17	1.1725	1.1725	2.55%	3.50%	3.57%	8.53%	15.77%	21.93%	----		19.56%	17.25%	----
☐	12	160141	南方道琼斯美	06-17	1.1643	1.1643	2.55%	3.49%	3.54%	8.39%	15.52%	21.36%	----		19.32%	16.43%	----
☐	13	002207	前海开源金银	06-18	0.8890	0.8890	1.25%	3.25%	10.30%	0.11%	9.08%	-1.88%	-9.65%	-29.78%	9.35%	-11.10%	2.30%
☐	14	001302	前海开源金银	06-18	0.9040	0.9040	1.23%	3.20%	10.38%	0.11%	9.18%	-1.74%	-9.51%	-28.65%	9.31%	-9.60%	2.49%

图5-5　待清洗的数据集

【2】相关知识

Kettle 是另外一个常用的数据清洗的开源工具，纯 Java 编写，可以在 Windows、Linux、Unix 上运行，绿色无须安装，数据抽取高效稳定。Kettle 中文名称叫水壶，该项目的主程序员 MATT 希望把各种数据放到一个壶里，然后以一种指定的格式流出。Kettle 是个 ETL 工具集，它能管理来自不同数据库的数据，通过提供一个图形化的用户环境来描述想做什么，而不是想怎么做。

Kettle 中有两种脚本文件：Transformation 和 Job。Transformation 完成针对数据的基础转换，Job 则完成整个工作流的控制。

Kettle 的四大组件包括：Chef(厨师)、Kitchen(厨房)、Spoon(勺子)、Pan(平底锅)。

● Chef：工作(Job)设计工具 (GUI 方式)。

- Kitchen：工作(Job)执行器 (命令行方式)。
- Spoon：转换(Transform)设计工具 (GUI 方式)。
- pan：转换(Transform)执行器 (命令行方式)。

Kettle 的执行分为两个层次：Job 和 Transformation。这两个层次的最主要区别在于数据的传递和运行方式。

(1) Transformation：定义对数据操作的容器，数据操作就是数据从输入到输出的一个过程，可以理解为比 Job 粒度更小一级的容器，我们将任务分解成 Job，然后需要将 Job 分解成一个或多个 Transformation，每个 Transformation 只完成一部分工作。

(2) Step：Transformation 内部的最小单元，每一个 Step 完成一个特定的功能。

(3) Job：负责将 Transformation 组织在一起进而完成某一工作。通常我们需要把一个大的任务分解成几个逻辑上隔离的 Job，当这几个 Job 都完成了，也就说明这项任务完成了。

(4) Job Entry：是 Job 内部的执行单元。每一个 Job Entry 用于实现特定的功能，如验证表是否存在、发送邮件等。可以通过 Job 来执行另一个 Job 或者 Transformation，也就是说，Transformation 和 Job 都可以作为 Job Entry。

(5) Hop：用于在 Transformation 中连接 Step，或者在 Job 中连接 Job Entry，是一个数据流的图形化表示。

在 Kettle 中，Job 中的 Job Entry 是串行执行的，故 Job 中必须有一个 Start 的 Job Entry；Transformation 中的 Step 是并行执行的。

【3】任务实施

针对待清洗的信息数据集，打开 Kettle 软件，从左侧输入列表中选择 Data Grid(行静态数据网格)并拖放到转换设计区，双击打开设置窗口，引用要读取数据的网址，如图 5-6 和图 5-7 所示。处理步骤如下。

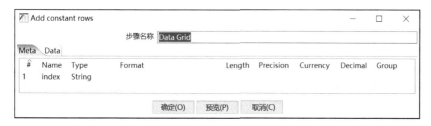

图5-6 操作展示1

(1) 拖入一个 Http client，通过 HTTP 调用 Web 服务，如图 5-8 所示。选择 Accept URL from field 选项，并选择 index 作为 URL 的来源字段。注意字符集的设置，避免后面获取的接口数据出现乱码。

(2) 从脚本列表中拖入 Modified Java Script Value，用于脚本值的改进，并改善界面和性能。在 Java Script 里写入正则表达式，对通过 Http client 组件得来的源代码进行解析，如图 5-9 所示。

(3) 从转换列表中拖入 Split field to rows，用分隔符分隔单个字符串字段，并为每个分割项创建一个新行，如图 5-10 所示。

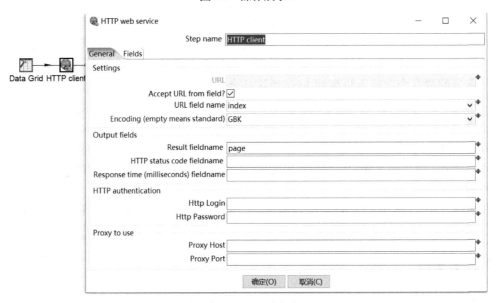

图5-7　操作展示2

图5-8　HTTP web service设置

```
Java script :
Script 1
//定位区域
var area = page.match(/<tbody>[\s\S]*?<\/tbody>/g)[0];
area=area.replace(/\s/g,'');
//定位行
var row=[];
row=area?area.match(/<tr[^>]*?>([\s\S]*?)<\/tr>/g):area;
//取数据
var colu=[],fundName=[],fundCode=[];
//var data={"secInfo":[]};
//尝试把数据放到json里，输出失败，可忽略
for (var i = 0; i < row.length; i++) {
    colu[i]=row[i].match(/<td[^>]*?>([\s\S]*?)<\/td>/g);
    fundName[i]=colu[i]?colu[i][0]:null;
    fundCode[i]=colu[i]?colu[i][1]:null;
    fundName[i]=fundName[i]?fundName[i].replace(/<td[^>]*?><a[^>]*?>/g,'').replace(/<\/a><\/td>/g,''):fundName[i];
    fundCode[i]=fundCode[i]?fundCode[i].replace(/<td[^>]*?>/g,'').replace(/<\/td[^>]*?>/g,''):fundCode[i];
    //data.secInfo.push({"name":fundName[i],"code":fundCode[i]});
    //尝试把数据放到json里，输出失败，可忽略
}

行号: 0
Compatibility mode?        Optimization level 9
```

图5-9　正则表达式

（4）拖入查询列表中的"流查询"，从转换中的其他流里查询值并将其放入"简称"字段里，如图 5-11 所示。

（5）拖入 Flow 列表中的"过滤记录"，定制过滤条件，用相等或者不相等的判断表达式来过滤数据，如图 5-12 所示。

高职高专立体化教材　计算机系列

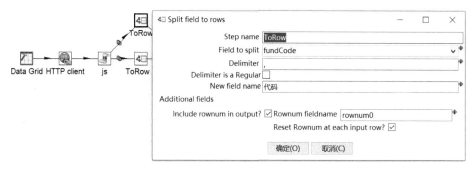

图5-10　操作展示

图5-11　Excel输入操作

图5-12　过滤记录

（6）拖入输出列表中的 Microsoft Excel Writer，使用 Excel 组件中的 Microsoft Excel Writer 组件将数据写入 Excel。

完成以上步骤之后，在菜单栏中选择 Action 中的"运行"命令即可，运行结果如图 5-13 所示。可以看到，在运行结果中显示了执行的步骤名称、读写次数、处理条目、处理时间和处理速度等信息。

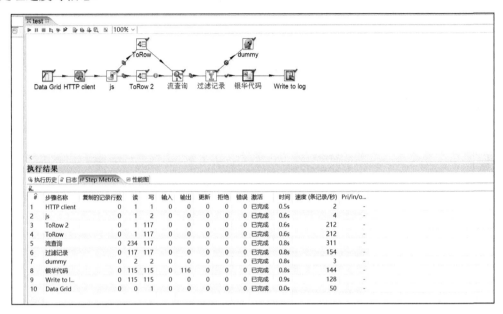

图5-13　运行结果

【4】任务拓展

数据清洗工具除了 Excel、Kettle 等常用的工具外，OpenRefine、Hawk 和 DataWrangler 等也被广泛使用，有兴趣的读者可以去下载这三款软件，并尝试进行数据清洗。

项目 6

大数据分析实践

1. 了解大数据分析的概念；
2. 了解大数据分析的方法；
3. 了解大数据分析的步骤。

【技能目标】

1. 掌握大数据分析的基本方法；
2. 掌握大数据分析的基本工具和步骤。

🔑【教学重点】

1. 大数据分析的方法；
2. 大数据分析的工具使用；
3. 大数据分析的步骤。

【教学难点】

1. Hive 数据分析的方法；
2. Spark 数据分析的方法。

第 6 章 大数据分析实践.ppt

【项目知识】

知识 6.1　大数据分析的概念

大数据分析是指对规模巨大的数据进行分析。大数据可以概括为 5 个 V：数据量大(Volume)、速度快(Velocity)、类型多(Variety)、价值(Value)、真实性(Veracity)。

大数据作为时下最火热的 IT 行业的词汇，随之而来的数据仓库、数据安全、数据分析、数据挖掘等都围绕大数据的商业价值的利用逐渐成为行业人士争相追捧的利润焦点。随着大数据时代的来临，大数据分析也应运而生。

知识 6.2　大数据分析的工具

1. 前端展现工具

用于展现分析的前端开源工具有 ECharts、JasperSoft、Pentaho、Spagobi、Openi、Birt，等等。用于商用分析的工具有 Style Intelligence、RapidMiner Radoop、Cognos、BO、icrosoft Power BI、Oracle、Microstrategy、QlikVie、Tableau。国内的有 BDP、国云数据(大数据魔镜)、思迈特、FineBI，等等。

2. 数据仓库工具

数据仓库工具有 Hive、Teradata AsterData、EMC GreenPlum、HP Vertica 等。

3. 编程数据分析工具

采用编程的方式进行数据分析在大数据领域比较普遍的工具是基于 NumPy、Pandas、Matplotlib 的数据分析和基于 Spark 的内存分析。

知识 6.3　大数据分析的方法

大数据分析最常用的四种方法为：描述型分析、诊断型分析、预测型分析和指令型分析，如图 6-1 所示。

1. 描述型分析：发生了什么

这是最常见的分析方法。在业务中，这种方法向数据分析师提供了重要指标和业务的衡量方法。

例如，每月的营收和损失账单。数据分析师可以通过这些账单，获取大量的客户数据，了解客户的地理信息，就是"描述型分析"方法之一。利用可视化工具，能够有效地增强描述型分析所提供的信息呈现。

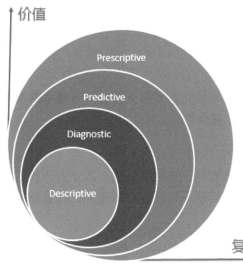

图6-1 大数据分析的四种方法

2. 诊断型分析：为什么会发生

描述型数据分析的下一步就是诊断型数据分析。通过评估描述型数据，诊断分析工具能够让数据分析师深入地分析数据，钻取到核心的数据。

良好设计的 BI DashBoard 具有按照时间序列进行数据读入、特征过滤和钻取数据等功能，以便更好地分析数据。

3. 预测型分析：可能发生什么

预测型分析主要用于进行预测。事件未来发生的可能性、预测一个可量化的值，或者预估事情发生的时间点，这些都可以通过预测模型来完成。

预测模型通常会使用各种可变数据来实现预测。数据成员的多样化与预测结果密切相关。

在充满不确定性的环境下，预测能够帮助用户做出更好的决定。预测模型也是很多领域正在使用的重要方法。

4. 指令型分析：应该采取什么措施

指令模型基于对"发生了什么""为什么会发生"和"可能发生什么"的分析，来帮助用户决定应该采取什么措施。通常情况下，指令型分析不是单独使用的方法，而是前面的所有方法都完成之后，最后需要完成的分析方法。

例如，交通规划分析考量了每条路线的距离、每条线路的行驶速度以及目前的交通管制等方面因素，来帮助用户选择最好的回家路线。

知识 6.4　大数据分析的范畴

大数据分析的范畴主要包括以下六个基本方面。

1. Analytic Visualizations(可视化分析)

不管是数据分析专家还是普通用户，数据可视化是数据分析工具最基本的要求。可视化可以直观地展示数据，让数据自己说话，让观众看到结果。

2. Data Mining Algorithms(数据挖掘算法)

可视化是给人看的，数据挖掘就是给机器看的。集群、分割、孤立点分析还有其他的算法能让我们深入数据内部，挖掘价值。这些算法不仅要应对高速变化的数据，同时还要应对海量的数据。

3. Predictive Analytic Capabilities(预测性分析能力)

数据挖掘可以让分析员更好地理解数据，而预测性分析可以让分析员根据可视化分析和数据挖掘的结果做出预测性的判断。

4. Semantic Engines(语义引擎)

由于非结构化数据的多样性带来了数据分析的新的挑战，因此需要一系列的工具去解析、提取、分析数据。语义引擎需要被设计成能够从"文档"中智能提取信息。

5. Data Quality and Data Management(数据质量和数据管理)

数据质量和数据管理是一些管理方面的最佳实践。通过标准化的流程和工具对数据进行处理，可以保证一个预先定义好的高质量的分析结果。

6. 数据仓库

数据仓库是为了便于多维分析和多角度展示数据并按特定模式进行存储所建立起来的关系型数据库。在商业智能系统的设计中，数据仓库的构建是关键，是商业智能系统的基础，承担对业务系统数据整合的任务，为商业智能系统提供数据抽取、转换和加载，并按主题对数据进行查询和访问，为联机数据分析和数据挖掘提供数据平台。

知识 6.5　大数据分析的步骤

1. 统计与分析

统计与分析主要利用分布式数据库，或者分布式计算集群来对存储于其内的海量数据进行普通的分析和分类汇总等，以满足大多数常见的分析需求。在这方面，一些实时性需求会用到 EMC 的 GreenPlum、Oracle 的 Exadata，以及基于 MySQL 的列式存储 Infobright

等；而一些批处理或者基于半结构化数据的需求，可以使用 Hadoop。统计与分析这些数据的主要挑战是涉及的数据量大，其对系统资源，特别是 I/O 会有极大的占用。

2. 导入与预处理

将来自前端的数据导入到一个集中的大型分布式数据库，或者分布式存储集群，并且可以在导入基础上做一些简单的清洗和预处理工作。也有一些用户会在导入时使用来自 Twitter 的 Storm 对数据进行流式计算，来满足部分业务的实时计算需求。导入与预处理过程的特点和挑战主要是导入的数据量大，每秒的导入量经常会达到百兆，甚至千兆级别。

3. 挖掘

比较典型的算法有用于聚类的 K-Means、用于统计学习的 SVM 和用于分类的 Naive Bayes，主要使用的工具有 Hadoop Mahout、Spark MLlib 等。

【项目实施】

任务 1 利用 Hive 对电商数据进行分析

【1】任务简介

电商数据共有 6 个字段，如表 6-1 所示。

表6-1 电商数据格式   任务 1.利用 Hive 对电商数据进行分析.mp4

user_id	item_id	behavior_type	item_category	time	city
10001081	285259775	1	4076	2014-12-08 18	BeiJing
10001082	4368907	3	5503	2014-12-12 12	ShangHai
10001083	4368907	2	5503	2014-12-12 12	ChongQing
10001084	53616768	4	9762	2014-12-02 15	TianJin

数据集结构如下。

- user_id：用户 id。
- item_id：商品 id。
- behavior_type：用户行为类型，包括浏览、收藏、加购物车、购买，对应值分别为 1、2、3、4。
- item_category：商品分类。
- time：用户操作时间(格式为：年-月-日 小时)。
- city：用户所在的城市。

现将以上数据文件导入 Hive 数据仓库,并利用 Hive 统计分析各个城市每个用户的浏览总次数、添加收藏夹总次数、添加进购物车总次数、购买总次数。

【2】相关知识

Hive 是基于 Hadoop 的一个数据仓库工具，它可以将结构化的数据文件映射为一张数据库表，并提供完整的 SQL 查询功能，也可以将 SQL 语句转换为 MapReduce 任务运行。

其主要的应用场景有：非实时的、离线的、对响应及时性要求不高的海量数据批量计算，即席(用户自定义查询条件)查询，统计分析。

其基本操作如下。

(1) 语法关键字

```
show partitions,
show tables,
create table,
data (local) inpath,
select * from,
desc table,
alter table,
drop table,
select * from table limit,
as,
case when then end,
union,
like,
group by,
having,
order by,
sort by,
cluster by
```

(2) 数据库操作

```
show databases; \\ 显示数据库列表
use 数据库名; \\使用数据库
set hive.cli.print.current.db=true; \\显示当前正在使用的数据库
```

(3) 表操作

```
alter table 库名.表名 rename to 新库.新表; \\ 迁移表
alter table 表名 add columns (字段名 字段类型) ; \\增加一列
alter table 表名 drop column 字段名; \\删除一列
alter table 表名 replace columns(字段名 字段类型); \\ 使用当前列替换掉原有的所有列
```

(4) 数据操作

```
load data local inpath '数据所在路径' (overwrite) into table 库名.表名;
    \\导入本地数据
load data inpath 'user/hive/warehouser/...' (overwrite) into table ...;
    \\导入 HDSF 数据
create table t1 as select * from t2; \\查询导入
insert (overwrite) into table t1 select * from t2; \\查询结果导入
```

(5) 块抽样(不随机，按顺序返回数据，速度快)

```
create table t1 as select * from t2 tablesample(1000 rows);  \\ 指定行数
create table t1 as select * from t2 tablesample( 20 percent);  \\指定比例
create table t1 as select * from t2 tablesample( 1M);  \\指定数据大小
```

(6) 分桶表抽样(随机，利用分桶表，随机分到多个桶，然后抽取指定的一个桶)

```
create table表 as select * from 表 tablesample (bucket 1 out of 10 on rand());
```

(7) 随机抽样(利用 rand()函数抽取，rand()返回 0~1 的 double 值)

```
create table t1 as select * from t2 order by rand() limit 1000;
 \\提供真正的随机抽样，但速度慢
create table t1 as select * from t2 sort by rand() limit 1000;
\\sort by 提供了单个 reducer 内的排序功能，速度有提升，但不保证整体随机
create table t1 as select * from t2 where rand()<0.002 distribute by rand()
sort by rand() limit 10000;
\\where 条件首先进行一次 map 端的优化，减少 reducer 需要处理的数据量，提高速度
\\distribute by 将数据随机分布，然后在每个 reducer 内进行随机排序，最终取 10000 条
\\数据(如果数据量不足，可以提高 where 条件的 rand 过滤值)，速度慢
create table t1 as select * from tw where rand() <0.002 cluster by rand()
limit 10000;
\\cluster by 的功能是 distribute by 和 sort by 的功能相结合,distribute by rand()
\\sort by rand() 进行了两次随机，cluster by rand() 仅一次随机，所以速度有提升。
```

(8) 分桶

分桶是相对分区进行更细粒度的划分。分桶将整个数据按照某列属性的 hash 值进行划分，例如要按照 name 属性分为 3 个桶，就是对 name 属性值的 hash 值对 3 取模，按照取模结果对数据分桶。

分桶的步骤如下。

第一步，分桶之前执行命令：

```
hive.enforce.bucketing=true;
```

第二步，使用关键字 clustered by 指定分区依据的列名，还要指定分为多少桶，这里指定分为 3 桶：

```
create table t1 (id int,name string) clustered by(name) int 3 buckets
row format delimited terminated by '\t';
```

第三步，分区依据的不是真实数据表文件中的列，而是我们指定的伪列，但是分桶是依据数据表中真实的列而不是伪列。所以在指定分区依据的列的时候，要指定列的类型，因为在数据表文件中不存在这个列，相当于新建一个列。而分桶依据的是表中已经存在的列，显然这个列的数据类型是已知的，所以不需要指定列的类型。

第四步，向桶中插入数据：

```
insert into table t1 select * from t2;
```

第五步，查看分桶数据，n=1 即返回第一桶数据：

```
select * from t1 tablesample(bucket n out of 3 on name);
```

(9) 分组
- row_number()：没有重复值的排序，可以利用它实现分页。
- dense_rank()：连续排序，如两个第二名仍然跟着第三名。
- rank()：跳跃排序，如两个第二名后跟着第四名。

【3】任务实施

1. 创建数据仓库

启动 Hadoop 集群后，在主节点 master 服务器上启动 Hive 服务端，然后在任意一台从节点上使用 beeline 远程连接至 Hive 服务端，创建名为 bizdw 的数据仓库，命令如下：

```
create database bizdw;
```

2. 创建外部表

数据仓库创建成功后，通过 use 命令使用 bizdw 数据仓库，并创建 action_external_hive 外部表，数据源指向 HDFS 目录上已预处理完的数据，命令如下：

```
use bizdw;
create external table action_external_hive(user_id int,item_id int,behavior_type int,item_category int,time string,city string)ROW FORMAT DELIMITED FIELDS TERMINATED BY ',' STORED AS TEXTFILE location '/output';
```

命令执行后的结果如图 6-2 所示。

```
hive> create external table action_external_hive(user_id int,item_id int,behavior_type in
t,item_category int,time string,city string)ROW FORMAT DELIMITED FIELDS TERMINATED BY ','
 STORED AS TEXTFILE location '/output';
OK
Time taken: 0.363 seconds
hive>
```

图6-2　在Hive数据仓库中创建外部表

然后查询 action_external_hive 表的数据，结果如图 6-3 所示。

```
hive> select * from action_external_hive limit 10;
OK
10001082    110790001    1    13230    2018-12-14    广州
10001082    115464321    1    6000     2018-12-10    上海
10001082    115464321    1    6000     2018-12-10    广州
10001082    115464321    1    6000     2018-12-10    深圳
10001082    117708332    1    5176     2018-12-08    上海
10001082    117708332    1    5176     2018-12-08    上海
10001082    117708332    1    5176     2018-12-08    北京
10001082    117708332    1    5176     2018-12-08    深圳
10001082    120438507    1    6669     2018-12-02    北京
10001082    120438507    1    6669     2018-12-02    北京
Time taken: 0.19 seconds, Fetched: 10 row(s)
hive>
```

图6-3　查询action_external_hive表的数据

3. 创建中间表

要统计不同城市的浏览次数、收藏次数、加入购物车次数、购物次数，则需要创建中间表，以将各个城市的统计次数放入此表。在 Hive 中创建 user_action_stat 表的命令如下：

```
create table user_action_stat(city string,user_id int,viewcount
int,addcount int,collectcount int,buycount int)ROW FORMAT DELIMITED FIELDS
TERMINATED BY ',';
```

命令执行后的结果如图 6-4 所示。

```
hive> create table user_action_stat(city string,user_id int,viewcount int,addcount int,co
llectcount int,buycount int)ROW FORMAT DELIMITED FIELDS TERMINATED BY ',';
OK
Time taken: 0.154 seconds
hive>
```

图6-4 在Hive中创建中间表user_action_stat

数据仓库创建好后，用户可以编写 Hive SQL 语句进行数据分析。在实际开发中，需要哪些统计指标通常由产品经理提出，而且会不断有新的统计需求产生。下面介绍统计不同城市、不同用户操作次数的方法。

4. 数据分析

由于同一个用户可能访问不同的页面，购买不同的商品，因此要统计同一用户访问页面的总次数、收藏商品的总次数、添加进购物车的总次数、购买商品的总次数，可以使用如下 Hive SQL 语句：

```
insert overwrite table user_action_stat select city,
user_id,sum(if(behavior_type=1,1,0)),sum(if(behavior_type=2,1,0)),
sum(if(behavior_type=3,1,0)),sum(if(behavior_type=4,1,0))
from action_external_hive group by city,user_id;
```

命令执行后的结果如图 6-5 所示。

```
hive> insert overwrite table user_action_stat select city,user_id,sum(if(behavior_type=1,
1,0)),sum(if(behavior_type=2,1,0)),sum(if(behavior_type=3,1,0)),sum(if(behavior_type=4,1,
0)) from action_external_hive group by city,user_id;
WARNING: Hive-on-MR is deprecated in Hive 2 and may not be available in the future versio
ns. Consider using a different execution engine (i.e. spark, tez) or using Hive 1.X relea
ses.
Query ID = root_20200727092352_0f841e33-ba6c-4f6e-b670-52207e338bb4
Total jobs = 1
Launching Job 1 out of 1
Number of reduce tasks not specified. Estimated from input data size: 1
In order to change the average load for a reducer (in bytes):
  set hive.exec.reducers.bytes.per.reducer=<number>
```

图6-5 运行HQL进行数据分析

在 Hive 中查询 user_action_stat 表，结果如图 6-6 所示。

```
hive> select * from user_action_stat limit 10;
OK
上海    100605  318      0       4       2
上海    100890  45       0       0       1
上海    1014694 112      2       1       0
上海    1031737 172      0       3       0
上海    10001082         47      0       0       1
上海    10009860         78      0       0       2
上海    10011993         451     0       26      2
上海    10051209         139     5       2       4
上海    10088568         92      0       2       0
上海    10088967         140     0       30      1
Time taken: 2.234 seconds, Fetched: 10 row(s)
hive>
```

图6-6　查询user_action_stat表

【4】任务拓展

在完成了各个城市每个用户的浏览总次数、收藏总次数、添加购物车总次数、购买总次数统计后，尝试统计各个城市的浏览总次数、收藏总次数、添加购物车总次数、购买总次数。

任务2　利用 Spark SQL 对 MySQL 数据进行分析

【1】任务简介

本项任务主要是利用 Spark SQL 对 MySQL 中的数据进行分析与处理，并按不同维度进行统计分析。

【2】相关知识

任务 2.利用 Spark SQL 对
MySQL 数据进行分析.mp4

Spark 于 2009 年诞生于加州大学伯克利分校 AMP 实验室，2013 年被捐赠给 Apache 软件基金会，2014 年 2 月成为 Apache 的顶级项目。相对于 MapReduce 的批处理计算，Spark 可以带来上百倍的性能提升，因此，它成为继 MapReduce 之后最为广泛使用的分布式计算框架。

1. Apache Spark 的特点

(1) 使用先进的 DAG 调度程序、查询优化器和物理执行引擎，以实现性能上的保证。

(2) 多语言支持，目前支持的有 Java、Scala、Python 和 R；提供了 80 多个高级 API，可以轻松地构建应用程序。

(3) 支持批处理、流处理和复杂的业务分析。

(4) 丰富的类库支持：包括 SQL、MLlib、GraphX 和 Spark Streaming 等库，并且可以将它们无缝地进行组合。

(5) 丰富的部署模式：支持本地模式和自带的集群模式，也支持在 Hadoop、Mesos、Kubernetes 上运行。

(6) 多数据源支持：支持访问 HDFS、Alluxio、Cassandra、HBase、Hive 以及数百个其他数据源中的数据。

其架构如图 6-7 所示。

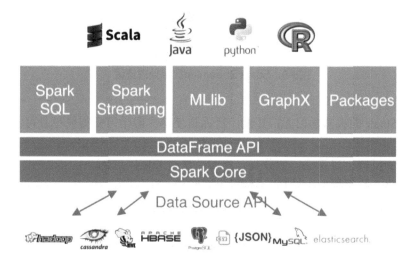

图6-7　Spark架构

2. Apache Spark 核心组件

其核心组件主要包括 Spark SQL、Spark Streaming、MLlib、GraphX 等。

(1) Spark SQL

Spark SQL 主要用于结构化数据的处理，其具有以下特点。

● 能够将 SQL 查询与 Spark 程序无缝混合，可以使用 SQL 或 DataFrame API 对结构化数据进行查询。

● 支持多种数据源，包括 Hive、Avro、Parquet、ORC、JSON 和 JDBC。

● 支持 HQL(Hive SQL)语法以及用户自定义函数(UDF)，允许用户访问现有的 Hive 仓库。

● 支持标准的 JDBC 和 ODBC 连接；支持优化器、列式存储和代码生成等特性，以提高查询效率。

(2) Spark Streaming

Spark Streaming 主要用于快速构建可扩展、高吞吐量、高容错的流处理程序，支持从 HDFS、Flume、Kafka、Twitter 和 ZeroMQ 读取数据，并进行处理。

其处理过程如图 6-8 所示。

图6-8　Spark Streaming处理过程

Spark Streaming 的本质是微批处理，它将数据流进行极小粒度的拆分，即拆分为多个批处理，从而达到接近于流处理的效果，其数据处理流程如图 6-9 所示。

图6-9　Spark Streaming数据处理流程

(3) MLlib

MLlib 是 Spark 的机器学习库，其设计目标是使得机器学习变得简单且可扩展。它提供了以下工具。

- 常见的机器学习算法：如分类、回归、聚类和协同过滤。
- 特征化：特征提取、转换、降维和选择。
- 管道：用于构建、评估和调整 ML 管道的工具。
- 持久性：保存和加载算法、模型、管道数据。
- 实用工具：线性代数、统计、数据处理等。

(4) GraphX

GraphX 是 Spark 中用于图形计算和图形并行计算的新组件。在高层次上，GraphX 通过引入一个新的图形抽象来扩展 RDD(一种具有附加到每个顶点和边缘属性的定向多重图形)。为了支持图计算，GraphX 提供了一组基本运算符(如 subgraph、joinVertices 和 aggregateMessages)以及优化后的 Pregel API。此外，GraphX 还包括越来越多的图形算法和构建器，以简化图形分析任务。

【3】任务实施

1. 创建 DataFrame 和 DataSet

(1) 创建 DataFrame。Spark 中所有功能的入口点是 SparkSession，可以使用 SparkSession.builder()创建，然后应用程序就可以从现有 RDD、Hive 或 Spark 数据源创建 DataFrame。示例如下：

```
val spark=SparkSession.builder().appName("SparkSQL")
.master("local[2]").getOrCreate()
val df= spark.read.json("/usr/file/json/emp.json")
df.show()
```

建议在进行 Spark SQL 编程前导入下面的隐式转换，因为 DataFrame 和 DataSet 中很多操作都依赖隐式转换：

```
import spark.implicits._
```

可以使用 Spark Shell 进行测试，需要注意的是 Spark Shell 启动后会自动创建一个名为 spark 的 SparkSession，在命令行中可以直接引用，如图 6-10 所示。

```
Using Scala version 2.11.12 (Java HotSpot(TM) 64-Bit Server VM, Java 1.8.0
Type in expressions to have them evaluated.
Type :help for more information.

scala> val df = spark.read.json("/usr/file/emp.json")
df: org.apache.spark.sql.DataFrame = [COMM: double, DEPTNO: bigint ... 6 m

scala> df.show()
+------+------+-----+------+-------------------+---------+----+------+
|  COMM|DEPTNO|EMPNO| ENAME|           HIREDATE|      JOB| MGR|   SAL|
+------+------+-----+------+-------------------+---------+----+------+
|  null|    20| 7369| SMITH|1980-12-17 00:00:00|    CLERK|7902| 800.0|
| 300.0|    30| 7499| ALLEN|1981-02-20 00:00:00| SALESMAN|7698|1600.0|
| 500.0|    30| 7521|  WARD|1981-02-22 00:00:00| SALESMAN|7698|1250.0|
|  null|    20| 7566| JONES|1981-04-02 00:00:00|  MANAGER|7839|2975.0|
|1400.0|    30| 7654|MARTIN|1981-09-28 00:00:00| SALESMAN|7698|1250.0|
|  null|    30| 7698| BLAKE|1981-05-01 00:00:00|  MANAGER|7839|2850.0|
|  null|    10| 7782| CLARK|1981-06-09 00:00:00|  MANAGER|7839|2450.0|
|  null|    20| 7788| SCOTT|1987-04-19 00:00:00|  ANALYST|7566|1500.0|
|  null|    10| 7839|  KING|1981-11-17 00:00:00|PRESIDENT|null|5000.0|
|   0.0|    30| 7844|TURNER|1981-09-08 00:00:00| SALESMAN|7698|1500.0|
|  null|    20| 7876| ADAMS|1987-05-23 00:00:00|    CLERK|7788|1100.0|
```

图6-10　Spark Shell界面

(2) 创建 DataSet。Spark 支持由内部数据集和外部数据集来创建 DataSet，其创建方式分别如下。

① 由外部数据集创建。

```
//1.需要导入隐式转换 import spark.implicits._
//2.创建 case class，等价于 Java Bean
case class Emp(ename:String,comm:Double,deptno:Long,
empno:Long,hiredate:String,job:String,mgr:Long,sal:Double)
//3.由外部数据集创建 DataSets
val ds=spark.read.json("/usr/file/emp.json").as[Emp]
ds.show()
```

② 由内部数据集创建。

```
//1.需要导入隐式转换 import spark.implicits._
//2.创建 case class，等价于 Java Bean
case class Emp(ename:String,comm:Double,deptno:Long,empno: Long,
hiredate:String,job:String,mgr:Long,sal:Double)
//3.由内部数据集创建 DataSets
val caseClassDS = Seq(Emp("ALLEN", 300.0, 30, 7499, "1981-02-20
00:00:00","SALESMAN",7698,1600.0),
Emp("JONES", 300.0, 30, 7499, "1981-02-20 00:00:00", "SALESMAN", 7698,
1600.0)) toDS() caseClassDS.show()
```

(3) 由 RDD 创建 DataFrame。Spark 支持两种方式把 RDD 转换为 DataFrame，分别是使用反射推断和指定 Schema 转换。

① 使用反射推断。

```
//1.导入隐式转换 import spark.implicits._
//2.创建部门类 case class Dept(deptno: Long, dname: String, loc: String)
//3.创建 RDD 并转换为 dataSet
val rddToDS = spark.sparkContext
.textFile("/usr/file/dept.txt")
```

```
.map(_.split("\t"))
.map(line => Dept(line(0).trim.toLong, line(1), line(2)))
.toDS() // 如果调用 toDF()，则转换为 DataFrame
```

② 以编程方式指定 Schema 转换。

```
import org.apache.spark.sql.Row
import org.apache.spark.sql.types._
// 1.定义每个列的列类型
val fields = Array(StructField("deptno", LongType, nullable = true),
StructField("dname", StringType, nullable = true),
StructField("loc", StringType, nullable = true))
// 2.创建 Schema
val schema = StructType(fields)
// 3.创建 RDD
val deptRDD = spark.sparkContext.textFile("/usr/file/dept.txt")
val rowRDD=deptRDD.map(_.split("\t")).map(line=> Row(line(0).toLong,
line(1), line(2)))
// 4.将 RDD 转换为 DataFrame
val deptDF = spark.createDataFrame(rowRDD, schema) deptDF.show()
```

(4) DataFrames 与 DataSets 互相转换。Spark 提供了非常简单的转换方法，用于 DataFrame 与 DataSet 之间的互相转换，示例如下：

```
# DataFrames 转 DataSets
scala> df.as[Emp]
res1: org.apache.spark.sql.Dataset[Emp] = [COMM: double, DEPTNO: bigint ...
6 more fields]
# DataSets 转 DataFrames
scala> ds.toDF()
res2: org.apache.spark.sql.DataFrame = [COMM: double, DEPTNO: bigint ... 6
more fields]
```

2. 使用 Structured API 进行基本查询分析

```
//1.查询员工姓名及工作
df.select($"ename", $"job").show()
//2.filter 查询工资大于 2000 的员工信息
df.filter($"sal" > 2000).show()
//3.orderBy 按照部门编号降序、工资升序进行查询
df.orderBy(desc("deptno"), asc("sal")).show()
//4.limit 查询工资最高的 3 名员工的信息
df.orderBy(desc("sal")).limit(3).show()
//5.distinct 查询所有部门编号
df.select("deptno").distinct().show()
//6.groupBy 分组统计部门人数
df.groupBy("deptno").count().show()
```

3. 使用 Spark SQL 进行查询统计分析

```
//1.首先需要将 DataFrame 注册为临时视图
df.createOrReplaceTempView("emp")
//2.查询员工姓名及工作
spark.sql("SELECT ename,job FROM emp").show()
//3.查询工资大于 2000 的员工信息
spark.sql("SELECT * FROM emp where sal > 2000").show()
//4.orderBy 按照部门编号降序、工资升序进行查询
spark.sql("SELECT * FROM emp ORDER BY deptno DESC,sal ASC").show()
//5.limit  查询工资最高的 3 名员工的信息
spark.sql("SELECT * FROM emp ORDER BY sal DESC LIMIT 3").show()
//6.distinct 查询所有部门编号
spark.sql("SELECT DISTINCT(deptno) FROM emp").show()
//7.分组统计部门人数
spark.sql("SELECT deptno,count(ename) FROM emp group by deptno").show()
```

4. 使用 Spark SQL 直接读取 MySQL 数据源进行统计分析

Spark 同样支持与传统的关系型数据库进行数据读写。但是 Spark 程序默认是没有提供数据库驱动的，所以在使用前需要将对应的数据库驱动上传到安装目录下的 jars 文件夹中。下面示例使用的是 MySQL 数据库，使用前需要将对应的 mysql-connector-java-x.x.x.jar 上传到 jars 目录下。

读取全表数据示例如下，这里的 help_keyword 是 MySQL 内置的字典表，只有 help_keyword_id 和 name 两个字段：

```
spark.read
.format("jdbc")
.option("driver", "com.mysql.jdbc.Driver")//驱动
.option("url", "jdbc:mysql://localhost/mysql")//数据库地址
.option("dbtable","help_keyword")//表名
.option("user", root").option("password","root").load().show(10)
```

从查询结果读取数据，代码如下：

```
val pushDownQuery = """(SELECT * FROM help_keyword WHERE help_keyword_id <20)
AS help_keywords"""
 spark.read.format("jdbc")
.option("url", "jdbc:mysql://127.0.0.1:3306/mysql")
.option("driver", "com.mysql.jdbc.Driver")
.option("user", "root")
.option("password", "root")
.option("dbtable", pushDownQuery) .load().show()
```

最终输出结果如图 6-11 所示。

```
//输出
+---------------+-----------+
|help_keyword_id|       name|
+---------------+-----------+
|              0|         <>|
|              1|     ACTION|
|              2|        ADD|
|              3|AES_DECRYPT|
|              4|AES_ENCRYPT|
|              5|      AFTER|
|              6|    AGAINST|
|              7|  AGGREGATE|
|              8|  ALGORITHM|
```

图6-11　Spark SQL对MySQL数据进行分析

【4】任务拓展

在通过 Spark SQL 完成了数据分析之后，尝试利用 Spark SQL 对 CSV、JSON 等数据文件进行统计分析。

项目 7

大数据可视化实践

【知识目标】

1. 了解大数据可视化的概念；
2. 了解大数据可视化的常用工具；
3. 了解大数据可视化的方法与步骤。

【技能目标】

1. 掌握大数据可视化的常用工具；
2. 掌握大数据可视化的基本工具和步骤。

【教学重点】

1. 大数据可视化的方法；
2. 大数据可视化的工具使用；
3. 大数据可视化的步骤。

【教学难点】

1. Excel 数据可视化的方法；
2. Tableau 数据可视化的方法；
3. ECharts 数据可视化的方法。

第 7 章 大数据可视化实践.pptx

【项目知识】

知识 7.1　大数据可视化的概念

1. 可视化的基本特征

数据可视化是数据加工和处理的基本方法之一，它通过图形、图像、图表、表格等技术来更为直观地表达数据，从而为发现数据的隐含规律提供技术手段。视觉信息占人类从外界获取信息的比例通常达到 80%左右，可视化是人们有效利用数据的最基本方法。数据可视化使得数据更加友好、易懂，提高了数据资产的利用效率，可以更好地支持人们对数据认知、数据表达、人机交互和决策支持等方面的应用，在建筑、医学、地理学、机械工程、教育等领域发挥着重要作用。大数据的可视化既有一般数据可视化的基本特征，也有其本身特性带来的新要求，其特征主要表现在以下四个方面。

(1) 易懂性

可视化可以使数据更加容易被人们认识和理解，进而更容易与人们的经验知识产生关联，使得碎片化的数据转换为具有特定结构的知识，从而为决策支持提供帮助。

(2) 必然性

大数据所产生的数据量已经远远超出了人们直接阅读和操作数据的能力，必然要求人们对数据进行归纳、总结和分析，对数据的结构和形式进行转换处理。

(3) 片面性

数据可视化往往只是从特定视角或者需求认识数据，从而得到符合特定目的的可视化模式，所以只能反映数据规律的一个方面。数据可视化的片面性特征要求可视化模式不能替代数据本身，只能作为数据表达的一种特定形式。

(4) 专业性

数据可视化与专业知识紧密相连，其形式需求也是多种多样，如地图地貌、网络文本、电商交易、社交信息、卫星遥感影像等。专业化特征是人们从可视化模型中提取专业知识的环节，它是数据可视化应用的最后流程。

2. 可视化的目标和作用

数据可视化与传统计算机图形学、计算机视觉等学科方向既有相通之处，也有较大的不同。数据可视化主要是通过计算机图形图像等技术展现数据的基本特征和隐含规律，辅助人们认识和理解数据，进而支持从数据中获得需要的信息和知识。数据可视化的作用主要包括数据表达、数据操作和数据分析三个方面，是以可视化技术支持计算机辅助数据认识的三个基本阶段。

(1) 数据表达

数据表达是通过计算机图形图像图表技术来更加友好地展示数据信息，方便人们阅读、认识、理解和运用数据。常见的形式有文本、表格、图表、图像、二维图形、三维模型、网络图、树结构、符号和电子地图等。

(2) 数据操作

数据操作是以计算机提供的界面、接口、协议等条件为基础完成人与数据的交互需求。数据操作需要友好的人机交互技术、标准化的接口和协议支持来完成对多数据集合或者分布式的操作。以可视化为基础的人机交互技术快速发展，包括自然交互、可触摸、自适应界面和情景感知等在内的新技术极大地丰富了数据操作的方式。

(3) 数据分析

数据分析是通过数据计算获得多维、多源、异构和海量数据所隐含信息的核心手段，它是数据存储、数据转换、数据计算和数据可视化的综合应用。可视化作为数据分析的最终环节，直接影响着人们对数据的认识和应用。友好、易懂的可视化成果可以帮助人们进行信息推理和分析，方便人们对相关数据进行协同分析，也有助于信息和知识的传播。

数据可视化可以有效地表达数据的各类特征，帮助人们推理和分析数据背后的客观规律，进而获得相关知识，提高人们认识数据的能力和利用数据的水平。

3. 数据可视化流程

数据可视化是对数据的综合运用，包括数据采集、数据处理、可视化模式和可视化应用四个步骤。

(1) 数据采集

数据采集的形式多种多样，大致可以分为主动式和被动式两种。主动式是以明确的数据需求为目的，利用相关技术手段主动采集相关数据，如卫星影像、工程测绘、传感器采集等；被动式是以数据平台为基础，由数据平台的活动者提供数据，如电子商务、网络论坛、移动应用 App 等。

(2) 数据处理

数据处理是指对原始的数据进行质量分析、预处理和计算等步骤。数据处理的目标是保证数据的准确性、完整性、可用性。

(3) 可视化模式

可视化模式是数据的一种特殊展现形式，常见的可视化模式有标签云、序列分析、网络结构、电子地图等。可视化模式的选取决定了可视化方案的雏形。

(4) 可视化应用

可视化应用主要根据用户的主观需求展开，最主要的应用方式是用来观察和展示，通过观察和人脑分析进行推理和认知，辅助人们发现新知识或者得出新结论。可视化界面也可以帮助人们进行人与数据的交互，辅助人们完成对数据的迭代计算，通过若干步数据的计算，产生系列化的可视化成果。

知识 7.2　大数据可视化常用工具

在数字经济时代，人们需要对大量的数字进行分析，帮助用户更直观地察觉差异，做出判断，减少时间成本。当然，你可能想象不到这种数据可视化的技术可以追溯到 2500 年前世界上的第一张地图，但是，各种形态的数据可视化图表在帮助用户减少分析时间、快速做出决策方面一直扮演着重要的角色。

那么当今世界主流的数据可视化工具有哪些呢？我们在此给读者推荐业界主流的大数据可视化工具，包括 Excel、Tableau 、ECharts、FusionCharts、Modest Maps、jqPlot、D3.js、JpGraph、HighCharts、iCharts、FineReport 等。

1. Excel

Excel 是 Microsoft Office 的组件之一，是由 Microsoft 为 Windows 和 Apple Macintosh 操作系统的计算机编写和运行的一款表格计算软件。Excel 是微软办公套装软件的一个重要组成部分，它可以进行各种数据的处理、统计分析、数据可视化显示及辅助决策操作，广泛地应用于管理、统计、财经、金融等众多领域。下面重点介绍一下 Excel 在数据可视化处理方面的应用。

(1) 应用 Excel 的可视化规则实现数据的可视化展示

Microsoft Office Excel 2013 版本开始为用户提供了可视化规则，借助该规则的应用，可以使抽象数据变得更加丰富多彩，能够为数据分析者提供更加有用的信息，如图 7-1 所示。

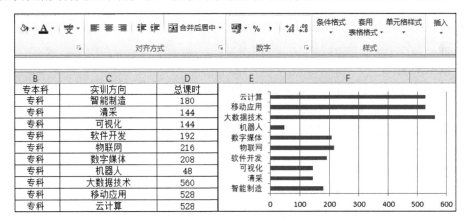

图7-1　利用Excel的可视化规则实现数据的可视化展示

(2) 应用 Excel 的图表功能实现数据的可视化展示

Excel 的图表功能可以将数据进行图形化，帮助用户更直观地显示数据，使数据对比和变化趋势一目了然，从而提高信息整体价值，更准确、直观地表达信息和观点。图表与工作表的数据相链接，当工作表数据发生改变时，图表也随之更新，反映出数据的变化。本书以 Microsoft Office Excel 2013 版本为例，图 7-2 提供了柱形图、折线图、散点图、饼图、面积图等常用的数据展示形式供用户选择使用。

图7-2　Excel图表样式

(3) 应用 Excel 的数据透视功能实现数据的汇总、分析、可视化展示

Excel 数据透视表是汇总、分析、浏览和呈现数据的好方法。通过数据透视表，可轻松

地从不同角度查看数据。可让 Excel 推荐数据透视表，或者手动创建数据透视表，如图 7-3 所示。

图7-3　Excel数据透视表

2. Tableau

作为领先的数据可视化工具，Tableau 具有许多理想的和独特的功能。其强大的数据发现和探索应用程序可以在几秒内回答重要的问题。使用 Tableau 的拖放界面能可视化任何数据，探索不同的视图，甚至可以轻松地将多个数据库组合在一起。它不需要任何复杂的脚本。任何理解业务问题的人都可以通过相关数据的可视化来解决。分析完成后，与其他人共享就像发布到 Tableau Server 一样简单。

Tableau 为各种行业、部门和数据环境提供解决方案，以下是 Tableau 处理各种场景的独特功能。

- 分析速度：由于 Tableau 不需要高水平的编程技能，任何有权访问数据的计算机用户都可以用它从数据中导出值。
- 自我约束：Tableau 不需要复杂的软件设置。大多数用户使用的桌面版本很容易安装，并包含启动和完成数据分析所需的所有功能。
- 视觉发现：用户使用视觉工具(如颜色、趋势线、图表)来探索和分析数据，只有很少的脚本要写，因为几乎一切都是通过拖放来完成的。
- 混合不同的数据集：Tableau 允许实时混合不同的关系，半结构化和原始数据源，而无须昂贵的前期集成成本。用户不需要知道数据存储的细节。
- 体系结构无关：Tableau 适用于数据流动的各种设备。因此，用户不必担心使用 Tableau 有特定硬件或软件要求。
- 实时协作：Tableau 可以即时过滤、排序和讨论数据，并在门户网站(如 SharePoint 网站或 Salesforce)中嵌入实时仪表板。可以保存数据视图，并允许同时订阅交互式仪表板，而且只需刷新其 Web 浏览器即可查看最新的数据。
- 集中数据：Tableau Server 提供了一个集中式位置，用于管理组织的所有已发布数据源。您可以在一个方便的位置删除数据、更改权限、添加标签和管理日程表，且易于提取刷新并在数据服务器中管理它们。管理员可以集中定义服务器上的提取计划，用于增量刷新和完全刷新。

其应用界面如图 7-4 所示。

图7-4　Tableau应用界面

由于 Tableau 能帮助我们分析许多时间段、维度和度量的大量数据，因此，须非常细致地规划，以创建良好的仪表板或故事。

虽然 Tableau 项目预期的最终结果是理想的仪表板与故事，但有许多中间步骤需要完成。以下是创建有效仪表板时应该遵循的设计流程，如图 7-5 所示。

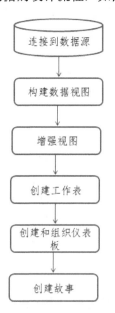

图7-5　Tableau设计流程

（1）连接到数据源

Tableau 连接到所有常用的数据源。它具有内置的连接器，在提供连接参数后负责建立连接。无论是简单文本文件、关系数据库源、NoSQL 数据库源或云数据库源，Tableau 几乎都能实现连接。

(2)　构建数据视图

连接到数据源后，将获得 Tableau 环境中可用的所有列和数据，可以将它们分为维、度量和创建任何所需的层次结构。Tableau 提供了拖放功能来构建视图。

(3)　增强视图

上面创建的视图若需要进一步增强，则需要使用过滤器、聚合、轴标签、颜色和边框的格式。

(4)　创建工作表

创建不同的工作表，以便对相同的数据或不同的数据创建不同的视图。

(5)　创建和组织仪表板

仪表板包含多个连接它的工作表。因此，任何工作表中的操作都可以相应地更改仪表板中的结果。

(6)　创建故事

故事是一个工作表，其中包含一系列工作表或仪表板，它们一起工作以传达信息。可以创建故事以显示事实如何连接、提供上下文、演示决策如何与结果相关或者只是做出有说服力的案例。

3. ECharts

ECharts 是一个使用 JavaScript 实现的开源可视化库，可以流畅地运行在 PC 和移动设备上，兼容当前绝大部分浏览器(IE8/9/10/11、Chrome、Firefox、Safari 等)，底层依赖矢量图形库 ZRender，提供直观、交互丰富、可高度个性化定制的数据可视化图表。其支持折线图(区域图)、柱状图(条状图)、散点图(气泡图)、K 线图、饼图(环形图)、雷达图(填充雷达图)、和弦图、力导布局图、地图、仪表盘、漏斗图、孤岛等 12 类图表，同时提供标题、图例、提示、数据区域缩放、时间轴、工具箱等多个可交互组件，支持多图表、组件的联动和混搭展现，其架构如图 7-6 所示。

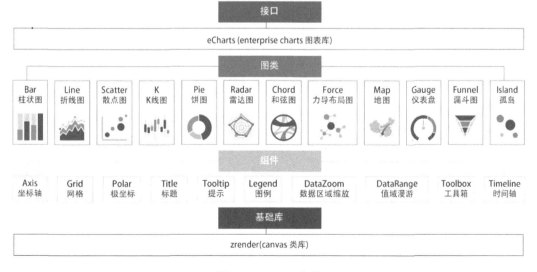

图7-6　ECharts架构

ECharts 目前也是 Apache 支持的项目，其官网地址为 https://echarts.apache.org，在其官方网站上提供了非常多的示范图例，详见 https://echarts.apache.org/examples，如图 7-7 所示。

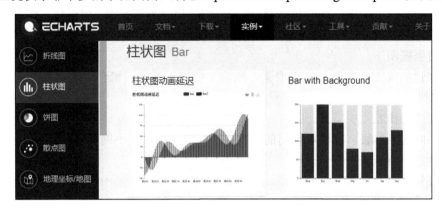

图7-7　ECharts官方示范

ECharts 制作图表的基本步骤如下。

(1) 在页面中引入 echarts.min.js 库，代码如下：

```
<head>
    <meta charset="utf-8">
    <!-- 引入 ECharts 文件 -->
    <script src="echarts.min.js"></script>
</head>
```

(2) 在页面中定义 DOM 容器，代码如下：

```
<body>
    <!-- 为 ECharts 准备一个具备大小(宽高)的 DOM -->
    <div id="main" style="width: 600px;height:400px;"></div>
</body>
```

(3) 通过使用 echarts.init 方法来初始化一个 ECcharts 实例和使用 setOption 方法生成一个简单的图形(如柱状图)，核心代码如下：

```
<body>
    <!-- 为 ECharts 准备一个具备大小(宽高)的 Dom -->
    <div id="main" style="width: 600px;height:400px;"></div>
    <script type="text/javascript">
        //基于准备好的 dom，初始化 echarts 实例
        var myChart =echarts.init(document.getElementById('main'));
        //指定图表的配置项和数据
        var option = {
            title: {
                text: 'ECharts 入门示例'
            },
            tooltip: {},
            legend: {
                data:['销量']
```

```
        },
        xAxis: {
            data: ["衬衫","羊毛衫","雪纺衫","裤子","高跟鞋","袜子"]
        },
        yAxis: {},
        series: [{
            name: '销量',
            type: 'bar',
            data: [5, 20, 36, 10, 10, 20]
        }]
    };
    //使用刚指定的配置项和数据显示图表
    myChart.setOption(option);
</script>
</body>
```

这样就实现了 ECharts 图表的制作，访问 Web 页面的效果如图 7-8 所示。

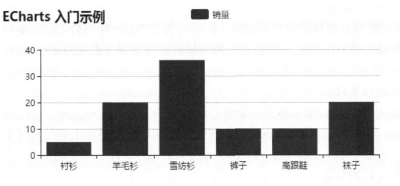

图7-8 ECharts图表示范

4. FusionCharts

FusionCharts 是 InfoSoft Global 公司的一个产品，InfoSoft Global 公司是专业的 Flash 图形方案提供商。

FusionCharts 是一个 Flash 的图表组件，它可以用来制作数据动画图表，其中动画效果用的是 Adobe Flash 8(原 Macromedia Flash 的)制作的 Flash 来呈现的，FusionCharts 可用于任何网页的脚本语言，如 HTML、.NET、ASP、JSP、PHP、ColdFusion 等，提供互动性和强大的图表。FusionCharts 使用 XML 作为其数据接口，充分利用 Flash 创建紧凑、互动性和视觉逮捕图表。其主要特点如下。

(1) 动画和交互图

使用 FusionCharts，用户可以快速方便地提供交互式动画图表给最终用户。不同的图表类型支持不同形式的动画和交互性，从而提供了一个不同的经验。

(2) 简单易用且功能强大的 Ajax/JavaScript 的一体化

FusionCharts 提供先进的办法，将图表与 Ajax 应用程序或 JavaScript 模块结合。用户可以随时更新客户端图表，调用 JavaScript 函数的热点链接，如图 7-9 所示。

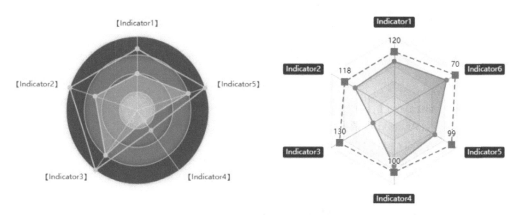

图7-9　FusionCharts应用效果

(3)　易于使用

使用 FusionCharts，用户不必安装任何东西，只需复制粘贴 SWF 文件(核心文件 FusionCharts)到服务器上。因此，即使这些服务器不允许安装 ActiveX 或任何的组成部分，FusionCharts 也可以顺利运行。

FusionCharts 使图表创建过程简易方便。因为它使用 XML 作为数据源，所以用户需要做的是将数据转换为 XML 格式，再使用一种编程语言或使用可视化的 GUI 建立互动和动画图表。

(4)　运行在各种平台

不论用户使用服务器端脚本语言还是客户端脚本语言，FusionCharts 都可用于创建图表。FusionCharts 使用 XML 作为数据接口，可以运行在任何服务器上和任何脚本语言。查看图表，用户只需要安装 Adobe Flash Player，而 Flash Player 几乎每个浏览器上都有嵌入。

(5)　降低服务器的负载

传统的基于图像的绘制系统，图表、图像生成的服务器端。这样的模式对服务器的资源要求非常高。

FusionCharts 为用户带来极大的便利：所有图表呈现在被广泛安装使用的 Adobe Flash 平台。服务器只是负责流的预先建立的 SWF 文件和你的 XML 数据文件。此外，图表 SWF 文件可以存储，让用户可以只更新数据，而不是每次都发送图表 SWF 文件。

(6)　大量的图表类型

FusionCharts v3 为您提供了大量的图表类型。从基本的条形图、柱状图、线图、饼图等，以及先进的组合和滚动图表。Web & Enterprise 应用程序支持超过 90 种图表类型和 550 种地图，JS 支持各种实时图表、地图、可编辑图表和仪表。

(7)　向下钻取

用 LinkedCharts 在几分钟内就可以创建无限级的向下钻取图表，每一级都可以显示不同的图表类型和数据，要实现这些功能无须编写任何额外代码。

5. D3.js

D3.js 是一个 JavaScript 库，用于在浏览器中创建交互式可视化。D3.js 库允许在数据集的上下文中操作网页的元素，这些元素可以是 HTML、SVG 或画布元素，可以根据数据集的内容进行引入、删除或编辑。D3.js 是一个用于操作 DOM 对象的库，可以成为数据探索的宝贵帮助，可以让用户控制数据的表示，并允许用户添加交互性。

D3.js 是最好的数据可视化框架之一，它可生成简单和复杂的可视化以及用户交互和过渡效果，其主要特征如下。

- 非常灵活。
- 易于使用。
- 支持大型数据集。
- 声明性编程。
- 代码可重用性。
- 有各种各样的曲线生成函数。
- 将数据关联到 HTML 页面中的元素或元素组。

其优势主要体现在如下方面。

- 出色的数据可视化。
- 它是模块化的。用户可以下载一小段想要使用的 D3.js，无须每次都加载整个库。
- 轻松构建图表组件。

其进行数据可视化的基本步骤如下。

(1) 应用样式。应用 CSS 样式的代码如下：

```
<style>
  .bar {
    fill: green;
  }
  .highlight {
    fill: red;
  }
  .title {
    fill: blue;
    font-weight: bold;
  }
</style>
```

(2) 定义变量。定义 SVG 属性的脚本如下：

```
<script>
  var svg = d3.select("svg"), margin = 200,
  width = svg.attr("width") - margin,
  height = svg.attr("height") - margin;
</script>
```

(3) 附加文字。附加文本并应用转换，代码如下：

```
svg.append("text")
  .attr("transform", "translate(100,0)")
  .attr("x", 50)
  .attr("y", 50)
```

```
.attr("font-size", "20px")
.attr("class", "title")
.text("Population bar chart")
```

(4) 创建比例范围。创建一个比例范围并附加组元素，代码如下：

```
var x = d3.scaleBand().range([0, width]).padding(0.4),
  y = d3.scaleLinear()
    .range([height, 0]);
  var g = svg.append("g")
    .attr("transform", "translate(" + 100 + "," + 100 + ")");
```

(5) 读取数据。在此使用已创建完毕的 data.csv 文件，代码如下：

```
year,population
2006,40
2008,45
2010,48
2012,51
2014,53
2016,57
2017,62
```

使用下面的代码阅读上面的文件：

```
d3.csv("data.csv", function(error, data) {
  if (error) {
    throw error;
  }
```

(6) 设置域。代码如下：

```
x.domain(data.map(function(d) { return d.year; }));
y.domain([0, d3.max(data, function(d) { return d.population; })]);
```

(7) 添加 X 轴。将 X 轴添加到转换中，代码如下：

```
g.append("g")
  .attr("transform", "translate(0," + height + ")")
  .call(d3.axisBottom(x)).append("text")
  .attr("y", height - 250).attr("x", width - 100)
  .attr("text-anchor", "end").attr("font-size", "18px")
  .attr("stroke", "blue").text("year");
```

(8) 添加 Y 轴。将 Y 轴添加到转换中，代码如下：

```
g.append("g")
  .append("text").attr("transform", "rotate(-90)")
  .attr("y", 6).attr("dy", "-5.1em")
  .attr("text-anchor", "end").attr("font-size", "18px")
  .attr("stroke", "blue").text("population");
```

高职高专立体化教材 计算机系列

(9) 追加群组元素。附加组元素并将变换应用于 Y 轴，代码如下：

```
g.append("g")
  .attr("transform", "translate(0, 0)")
  .call(d3.axisLeft(y))
```

(10) 选择酒吧类。选择 bar 类中的所有元素，代码如下：

```
g.selectAll(".bar")
  .data(data).enter()
  .append("rect")
  .attr("class", "bar")
  .on("mouseover", onMouseOver)
  .on("mouseout", onMouseOut)
  .attr("x", function(d) { return x(d.year); })
  .attr("y", function(d) { return y(d.population); })
  .attr("width", x.bandwidth())
  .transition()
  .ease(d3.easeLinear)
  .duration(200)
  .delay(function (d, i) {
    return i * 25;
  })
  .attr("height", function(d) { return height - y(d.population); });
});
```

这里，在 mouseover 事件中，我们想要增加条形宽度和高度，以及设置条形颜色。对于颜色，我们添加了一个"突出显示"类，它将更改所选条形的颜色。具体效果如图 7-10 所示。

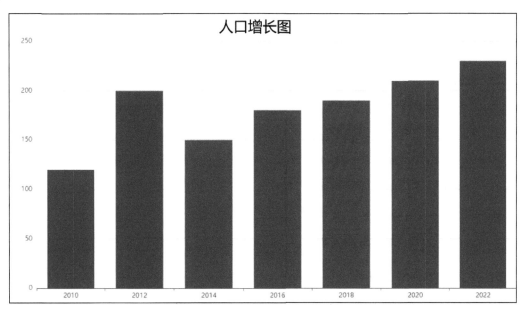

图7-10　D3.js应用示范

6. HighCharts

HighCharts 是一个用纯 JavaScript 编写的图表库，能够很简单便捷地在 Web 网站或 Web 应用程序中添加有交互性的图表。HighCharts 免费提供给个人学习、个人网站和非商业用途使用。

HighCharts 特性如下。

- 兼容性：支持所有主流浏览器和移动平台(Android、iOS 等)。
- 多设备：支持多种设备，如手持设备 iPhone/iPad、平板等。
- 免费使用：供个人免费学习使用。
- 轻量：highcharts.js 内核库大小只有 35KB 左右。
- 配置简单：使用 JSON 格式配置。
- 动态：图表生成后可以修改。
- 多维：支持多维图表。
- 配置提示工具：鼠标指针移动到图表的某一点上有提示信息。
- 时间轴：可以精确到毫秒。
- 导出：表格可导出为 PDF、PNG、JPG、SVG 等格式。
- 输出：网页输出图表。
- 可变焦：选中图表部分放大，近距离观察图表。
- 外部数据：从服务器载入动态数据。
- 文字旋转：支持任意方向的标签旋转。

HighCharts 支持的图表类型有：曲线图、区域图、饼图、散点图、气泡图、动态图表、组合图表、3D 图、测量图、热点图、树状图(Treemap)。

HighCharts 进行数据可视化的基本步骤如下。

(1) 创建 HTML 页面，引入 jQuery 和 HighCharts 库，代码如下：

```
<script src=" jquery.min.js"></script>
<script src="highcharts.js"></script>
```

(2) 定义 DOM 容器，代码如下：

```
<div id="container" style="width: 550px; height: 400px; margin: 0 auto"></div>
```

(3) 创建配置文件，代码如下：

```
$('#container').highcharts(json);
```

(4) 为图表配置标题，代码如下：

```
var title = {
  text: '月平均气温'
};
```

(5) 设置 X 轴要展示的项，代码如下：

```
var xAxis = {
  categories: ['一月', '二月', '三月', '四月', '五月', '六月'
```

```
,'七月', '八月', '九月', '十月', '十一月', '十二月']
};
```

(6)　设置 Y 轴要展示的项，代码如下：

```
var yAxis = {
  title: {
    text: 'Temperature (\xB0C)'
  },
  plotLines: [{
    value: 0,
    width: 1,
    color: '#808080'
  }]
};
```

(7)　配置图表要展示的数据。每个系列是个数组，每一项在图片中都会生成一条曲线，代码如下：

```
var series = [
  {
    name: 'Tokyo',
    data: [7.0, 6.9, 9.5, 14.5, 18.2, 21.5, 25.2,
      26.5, 23.3, 18.3, 13.9, 9.6]
  },
  {
    name: 'New York',
    data: [-0.2, 0.8, 5.7, 11.3, 17.0, 22.0, 24.8,
      24.1, 20.1, 14.1, 8.6, 2.5]
  },
  {
    name: 'Berlin',
    data: [-0.9, 0.6, 3.5, 8.4, 13.5, 17.0, 18.6,
      17.9, 14.3, 9.0, 3.9, 1.0]
  },
  {
    name: 'London',
    data: [3.9, 4.2, 5.7, 8.5, 11.9, 15.2, 17.0,
      16.6, 14.2, 10.3, 6.6, 4.8]
  }
];
```

(8)　创建 JSON 数据，代码如下：

```
ar json = {};
json.title = title;
json.subtitle = subtitle;
json.xAxis = xAxis;
json.yAxis = yAxis;
json.tooltip = tooltip;
```

```
json.legend = legend;
json.series = series;
Step 4: Draw the chart
$('#container').highcharts(json);
```

最终应用的效果如图 7-11 所示。

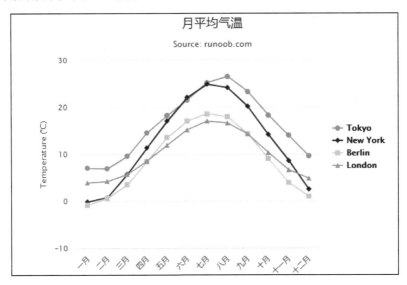

图7-11   HighCharts应用示范

【项目实施】

任务 1   利用 Excel 对数据进行可视化

【1】任务简介

利用 Excel 制作直方图。

【2】相关知识

直方图又叫质量分布图、柱形图，是一种统计报告图，也是反映数据变化情况的主要工具。直方图由一系列高度不等的纵向条纹或线段表示数据分布的情况，一般用横轴表示数据类型，纵轴表示分布情况。制作直方图的目的就是观察图的形状，比如判断企业生产状况是否稳定，预测生产过程的质量。

【3】任务实施

1. 以零基线为起点

如图 7-12 所示，数据起点是 2000 元，从中可以读出各部门的日常开支；而图 7-13 所示的数据起点为 0，即把零基线作为起点。图 7-12 的不足之处是不便于对比每个直条的总费用，给人的感觉是研发部的支出费用比业务部多 10 来倍，实践上研发部的支持费用只比业务部多 900 多元。这种错误性的导向就是数据起点的设定不恰当造成的。

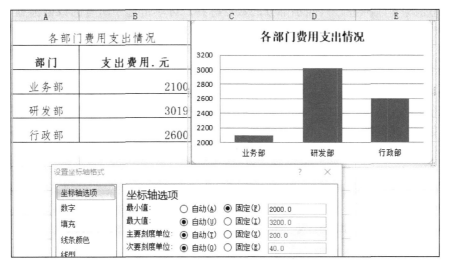

图7-12   以2000元为起点的直方图

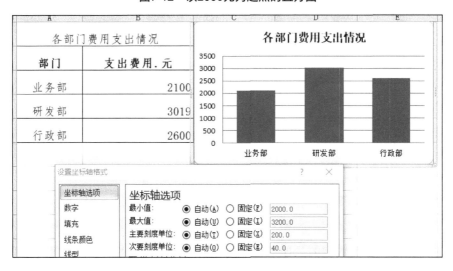

图7-13   起点为0的直方图

修改图表的方法如下。

(1) 要绘制起点为 0 的直方图，则首先绘制图 7-12。

(2) 右键单击图表左侧的坐标轴数据，选择"设置坐标轴格式"命令，打开对话框，在"坐标轴选项"下，将"最大值""最小值""主要刻度单位""次要刻度单位"等进行调整。

零基线在图表中的作用很重要。在绘图时，要注意零基线的线条要比其他网格线线条粗、颜色重。如果直条的数据点接近零，还需要将其数值标注出来。

此外，要看懂图表，必须先认识图例。图例是集中于图表一角或一侧的各种形状和颜色所代表内容与指标的说明。它具有双重任务，在绘图时是表示图表内容的准绳，在用图时是必不可少的阅读指南。无论是文字还是图表，人们都习惯于从上至下地阅读，这就要求信息的因果关系应该明确。在图表中，这一点必须有所体现。

如果想删除多余标签，只显示部分的数据标签，可单击选中所有的数据标签，然后再双击需要删除的数据标签即可；或选中单独的某个标签，按 Delete 键便可删除。

2. 条间距要小于垂直直条的宽度

在条形图或柱状图中，直条的宽度与相邻直条间的间隔决定了整个图表的视觉效果。即便表示的是同一内容，也会因为各直条的不同宽度及间隔而给人带来不同的印象。如果直条的宽度小于条间距，则会形成一种空旷感，这时读者在阅读图表时注意力会集中在空白处，而不是数据系列上，在一定程度上会误导读者的阅读方式。

在图 7-14 中，左侧图表的条间距明显大于右侧图表的条间距，虽然也能从左侧图表中看出想要的数据结果，但是其表达效果明显不如右侧图表。

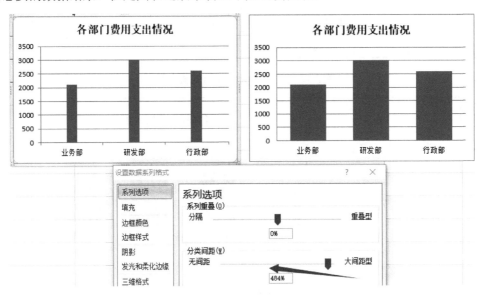

图7-14　设置直条的宽度

直条是用来测量零散数据的，如果其中的直条过窄，视线就会集中在直条之间不附带数据信息的留白空间上。因此，将直条宽度绘制为条间距的一倍与两倍之间比较合适。

具体调整方法为，选中左侧图表的数据直条，右击鼠标，选择"设置数据系列格式"命令，在弹出的对话框中调整"分类间距"，设置为100%～200%比较合适。

3. 谨慎使用三维的柱状图

三维效果图往往是为了体现立体感和真实感。但是，这并不适用于柱状图，因为柱状图顶部的立体效果会让数据产生歧义，导致其失去正确的判断。

如果想用 3D 效果展示图表数据，可以选用圆锥图表类型。圆锥效果将圆锥的顶点指向数据，也就是在图表中每个圆锥的顶点与水平网格线只有一个交点，使其指向的数据是唯一的、确定的。

图 7-15 中左侧图表使用了三维效果展示各部门的费用支出情况，对用户而言会疑惑直条的顶端与网格线相交的位置在哪里，也就是直条顶点对应的数值是多少并不清晰，因此要慎用三维柱状图。如非要让图表具有一定的三维效果，可以选用不会产生歧义的阴影效果，见右侧图表。

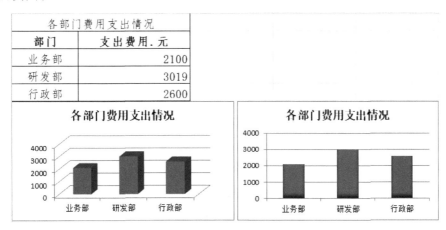

图7-15　三维柱状图

修改图表的方法如下。

(1) 选中三维效果的图表，然后在"图表工具"下的"设计"选项卡中单击"类型"组的"更改图表效果"按钮，在弹出的图表类型中选择"三维簇状柱形图"，如图 7-16 所示。

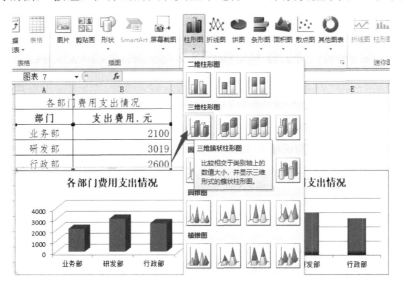

图7-16　三维簇状柱形图

(2) 如果想为图表设计立体感，可以先选中系列，在"格式"选项卡下设置形状效果为"阴影"→"内部"→"内部下方"。

(3) 如果要制作三维效果的圆锥图，可以先制作成三维效果的柱状图，然后单击图表中的数据系列，打开"设置数据系列格式"对话框，在"系列选项"下有一组"柱体形状"，单击"完整圆锥"按钮，即可将图表类型设计为三维效果的圆锥状，如图 7-17 所示。

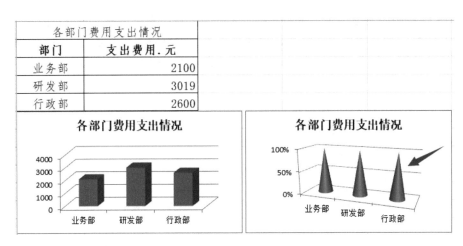

各部门费用支出情况	
部门	支出费用.元
业务部	2100
研发部	3019
行政部	2600

图7-17　圆锥图

在图表制作中，配置恰当的颜色也很重要。例如使用相似的颜色填充柱形图中的多直条，使系列的颜色由亮至暗地过渡布局，较之于颜色鲜艳分明，这样得到的图表更具有说服力。

【4】任务拓展

在掌握了 Excel 制作直方图的方法后，尝试利用 Excel 制作折线图、圆饼图、散点图等图表。

任务 2　利用 ECharts 对数据进行可视化

【1】任务简介

利用 ECharts 及 HTML 知识制作 Web 图表，并发布在网页上。

任务 2.利用 ECharts 对
数据进行可视化.mp4

【2】相关知识

1. 认识 ECharts

ECharts 是一款基于 JavaScript 的数据可视化图表库，提供直观、生动、可交互、可个性化定制的数据可视化图表。ECharts 最初由百度团队开源，并于 2018 年初捐赠给 Apache 基金会，成为 ASF 孵化级项目。其最新版本 V4.8.0 的下载地址为 https://echarts.apache.org/zh/download.html，如图 7-18 所示。

编译后的产物有 echarts.js 和 echarts.min.js 等，其中，echarts.min.js 是编译并压缩后的产物，为便于网络传输，一般使用 echarts.min.js，如图 7-19 所示。

图7-18 ECharts下载地址

☐ echarts-en.js.map	release: 4.8.0	2 months ago
☐ echarts-en.min.js	release: 4.8.0	2 months ago
☐ echarts-en.simple.js	release: 4.8.0	2 months ago
☐ echarts-en.simple.min.js	release: 4.8.0	2 months ago
☐ echarts.common.js	release: 4.8.0	2 months ago
☐ echarts.common.min.js	release: 4.8.0	2 months ago
☐ echarts.js ←	release: 4.8.0	2 months ago
☐ echarts.js.map	release: 4.8.0	2 months ago
☐ echarts.min.js ←	release: 4.8.0	2 months ago

图7-19 ECharts编译后的产物列表

ECharts 的主要特性如下。

(1) 丰富的可视化类型

ECharts 提供了常规的折线图、柱状图、散点图、饼图、K 线图,用于统计的盒形图,用于地理数据可视化的地图、热力图、线图,用于关系数据可视化的关系图、Treemap、旭日图,多维数据可视化的平行坐标,还有用于 BI 的漏斗图、仪表盘,并且支持图与图之间的混搭。

除了已经内置的包含了丰富功能的图表,ECharts 还提供了自定义系列,只需要传入一个 renderItem 函数,就可以从数据映射到任何你想要的图形,而且这些都还能和已有的交互组件结合使用,而不需要操心其他事情。

可以在下载界面下载包含所有图表的安装文件。如果只是需要其中一两个图表,又觉得包含所有图表的安装文件太大,也可以在在线安装中选择需要的图表类型后自定义安装。

(2) 多种数据格式无须转换直接使用

ECharts 内置的 dataset 属性(4.0+)支持直接传入包括二维表、key-value 等多种格式的数据源,通过简单地设置 encode 属性就可以完成从数据到图形的映射,这种方式更符合可视化的要求,省去了大部分场景下数据转换的步骤,而且多个组件能够共享一份数据而不用克隆。

为了配合大数据量的显示，ECharts 还支持输入 TypedArray 格式的数据。TypedArray 在大数据量的存储中可以占用更少的内存，对 GC 友好等特性也可以大幅度提升可视化应用的性能。

(3) 千万数据的前端展现

通过增量渲染技术(4.0+)，配合各种细致的优化，ECharts 能够展现千万级的数据量，并且在这个数据量级依然能够进行流畅的缩放平移等交互。

几千万的地理坐标数据就算使用二进制存储也要占上百 MB 的空间，因此 ECharts 同时提供了对流加载(4.0+)的支持，可以使用 WebSocket 或者对数据分块后加载，加载多少渲染多少，不需要漫长地等待所有数据加载完再进行绘制。

(4) 移动端优化

ECharts 针对移动端交互做了细致的优化，例如，用手指在坐标系中进行缩放、平移。在 PC 端也可以用鼠标在图中进行缩放(用鼠标滚轮)、平移等。

细粒度的模块化和打包机制可以让 ECharts 在移动端也拥有很小的体积，可选的 SVG 渲染模块让移动端的内存占用不再捉襟见肘。

(5) 多渲染方案，跨平台使用

ECharts 支持以 Canvas、SVG(4.0+)、VML 的形式渲染图表。VML 可以兼容低版本 IE，SVG 使得移动端不再为内存担忧，Canvas 可以轻松应对大数据量和特效的展现。不同的渲染方式提供了更多选择，使得 ECharts 在各种场景下都有更好的表现。

除了 PC 和移动端的浏览器，ECharts 还能在 node 上配合 node-canvas 进行高效的服务端渲染(SSR)。从 ECharts 4.0 版本开始，ECharts 开发团队还和微信小程序的团队合作，提供了 ECharts 对小程序的适配。

(6) 深度的交互式数据探索

交互是从数据中发掘信息的重要手段。"总览为先，缩放过滤，按需查看细节"是数据可视化交互的基本需求。

ECharts 一直在交互的路上前进，其提供了图例、视觉映射、数据区域缩放、tooltip、数据筛选等开箱即用的交互组件，可以对数据进行多维度数据筛取、视图缩放、展示细节等交互操作。

(7) 多维数据的支持以及丰富的视觉编码手段

ECharts 3 开始加强了对多维数据的支持。除了加入了平行坐标等常见的多维数据可视化工具外，对于传统的散点图等，传入的数据也可以是多个维度的。配合视觉映射组件 visualMap 提供的丰富的视觉编码，它能够将不同维度的数据映射到颜色、大小、透明度、明暗度等不同的视觉通道。

(8) 动态数据

ECharts 由数据驱动，数据的改变驱动图表显示的改变。因此动态数据的实现也变得异常简单，只需要获取数据，填入数据，ECharts 会找到两组数据之间的差异，然后通过合适的动画去表现数据的变化。配合 timeline 组件，能够在更高的时间维度上去表现数据的信息。

(9) 绚丽的特效

ECharts 针对线数据、点数据等地理数据的可视化提供了吸引眼球的特效。

(10) 通过 GL 实现更多、更强大绚丽的三维可视化

由于 ECharts 提供了基于 WebGL 的 ECharts GL，用户可以跟使用 ECharts 普通组件一样轻松地使用 ECharts GL 绘制出三维的地球、建筑群、人口分布的柱状图；在这基础之上，其还提供了不同层级的画面配置项，用几行配置就能得到艺术化的画面。

2. ECharts 的架构组成

ECharts 主要由基础库、图类、组件、接口组成。

(1) 基础库

Echarts 图表库底层依赖轻量级的 ZRender 类库，通过其内部 MVC 封装，实现图形显示、视图渲染、动画扩展和交互控制等，从而为用户提供直观、生动、可交互、可高度个性化定制的数据可视化图表。

(2) 图类

在图形的表示中，Echarts 支持柱状图、折线图、散点图、K 线图、饼图、雷达图、和弦图、力导布局图、地图、仪表盘、漏斗图、孤岛图等 12 类图表。

(3) 组件

同时提供标题、图例、提示、数据区域缩放、时间轴、工具箱等多个可交互组件，支持多图表、组件的联动和组合展现。

(4) 接口

Echarts 软件绘制数据通过引入接口 Echarts(enterprise charts 图标库)实现。

3. ECharts 架构的特点

(1) 可支持直角坐标系、极坐标系、地理坐标系等多种坐标系的独立使用和组合使用；借助 Canvas 的功能，支持大规模数据显示。

(2) 对图表库进行简化，实现按需打包，并对移动端交互进行优化。

(3) 配合视觉映射组件，以颜色、大小、透明度、明暗度等不同的视觉通道方式支持多维数据的显示，并以数据为驱动，通过图表的动画方式呈现动态数据。

(4) 提供了 legend、visualMap、dataZoom、tooltip 等组件，增加图表附带的漫游、选取等操作，提供了数据筛选、视图缩放、细节展示等功能。

【3】任务实施

某汽车厂 2019 年各产品系列的销售情况如表 7-1 所示。

表7-1 某汽车厂2019年各产品系列销售情况

产品系列	轿车	SUV	皮卡	重卡	客车
销量/万台	66	78	41	13	26

利用 ECharts 绘制柱状图的步骤如下。

(1) 打开 Eclipse(Eclipse Java EE IDE for Web Developers)集成化开发工具，新建一个 Dynamic Web Project 项目，项目名称为 ECharts_Pro，如图 7-20 所示。

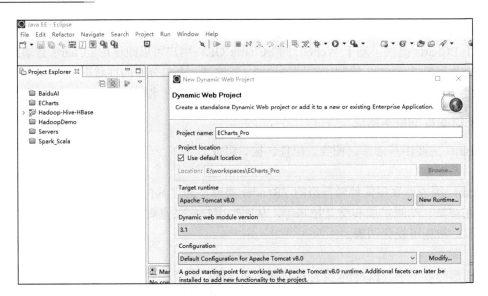

图7-20　创建Dynamic Web Project项目

（2）项目的 Context root 修改为"/"，这样通过 Web 访问时就可以不用加项目名称了；对于是否生成 web.xml 文件，选择是或否均可，如图 7-21 所示。

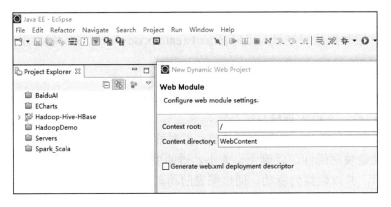

图7-21　修改项目的Context root

（3）在 ECharts_Pro 项目的 WebContent 目录下创建一个 echarts 目录，然后创建一个名为 bar.html 的 html 静态 Web 页面，如图 7-22 所示。

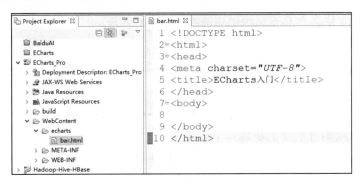

图7-22　创建静态的web页面bar.html

(4) 在 http://echarts.apache.org/网站上下载 echarts.min.js 文件(版本号为 v4.8.0)，然后放到 WebContent 下的 js 子目录下，将 echarts.min.js 文件引入 bar.html 文件，在 bar.html 准备一个容器 div，并设置容器的宽和高，如图 7-23 所示。

图7-23 引入echarts.min.js并在html文件中准备一个容器

(5) 初始化一个 echarts 实例，代码如下：

```
var myChart = echarts.init(document.getElementById('main'));
```

(6) 为图表配置标题：

```
title: {
    text: '第一个 ECharts 实例'
}
```

(7) 配置提示信息：

```
tooltip: {}
```

(8) 设置图例组件，图例组件展现了不同系列的标记(symbol)、颜色和名字。可以通过点击图例控制哪些列不显示：

```
legend: {
    data:['销量']
}
```

(9) 配置要在 X 轴显示的项：

```
xAxis: {
    data: ["轿车","SUV","皮卡","重卡","客车"]
}
```

(10) 配置要在 Y 轴显示的项：

```
yAxis:{}
```

(11) 设置系列列表：

```
series: [{
        name: '销量',
```

```
        type: 'bar',
        data: [66, 78, 41, 13, 26]
    }]
}
```

每个系列通过 type 决定自己的图表类型：

```
type:'bar': 柱状/条形图
type:'line': 折线/面积图
type:'pie': 饼图
type:'scatter': 散点(气泡)图
type:'effectScatter': 带有涟漪特效动画的散点(气泡)
type:'radar': 雷达图
type:'tree': 树状图
type:'treemap': 树状图
type:'sunburst': 旭日图
type:'boxplot': 箱形图
type:'candlestick': K 线图
type:'heatmap': 热力图
type:'map': 地图
type:'parallel': 平行坐标系的系列
type:'lines': 线图
type:'graph': 关系图
type:'sankey': 桑基图
type:'funnel': 漏斗图
type:'gauge': 仪表盘
type:'pictorialBar': 异型柱状图
type:'themeRiver': 主题河流
type:'custom': 自定义系列
```

(12) 使用刚指定的配置项和数据显示图表，代码如下：

```
myChart.setOption(option);
```

通过以上 12 步的设置，即可形成一个完整的柱状图 HTML 程序文件，具体的代码如下：

```
<!DOCTYPE html>
<html>
<head>
<meta charset="UTF-8">
<title>ECharts 入门</title>
<!-- 引入 echarts.min.js -->
<script type="text/javascript" src="/js/echarts.min.js"></script>
</head>
<body>
<!-- 为 ECharts 准备一个具备大小(宽高)的 div 容器 -->
<div id="main" style="width: 600px;height:400px;"></div>
<script type="text/javascript">
    //基于准备好的 dom, 初始化 echarts 实例
    var myChart = echarts.init(document.getElementById('main'));
```

```
//指定图表的配置项和数据
var option = {
    title: {
        text: '第一个 ECharts 实例'
    },
    tooltip: {},
    legend: {
        data:['销量']
    },
    xAxis: {
      data: ["轿车","SUV","皮卡","重卡","客车"]
    },
    yAxis: {},
    series: [{
        name: '销量',
        type: 'bar',
        data: [66, 78, 41, 13, 26]
    }]
};
//使用刚指定的配置项和数据显示图表
myChart.setOption(option);
</script>
</body>
</html>
```

(13) 发布项目，选中 ECharts_Pro 项目，单击鼠标右键，选择 Run As→Run on Server
命令，如图 7-24 所示。

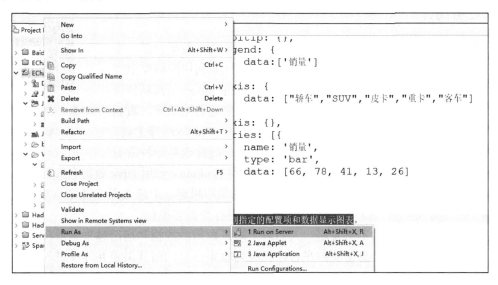

图7-24 发布项目

(14) 打开浏览器，在地址栏中输入访问页面地址 http://localhost:8080/echarts/bar.html，
出现如图 7-25 所示的界面。

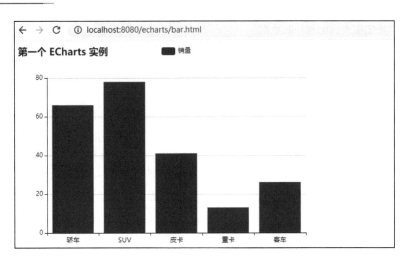

图7-25　ECharts柱状图

通过以上步骤即可完成一个简单的ECharts图表。

【4】任务拓展

在完成静态数据的可视化展示后，尝试利用Java JDBC知识读取MySQL数据库数据，并在ECharts图表上进行动态可视化。

任务3　大数据分析处理可视化综合实践

【1】任务简介

大数据处理的流程一般为数据采集、数据预处理、数据存储、数据分析、数据可视化。数据采集的方式有多种，比如利用网络爬虫进行数据爬取、利用Flume工具采集系统日志、利用Sqoop工具从传统关系数据库中迁移数据等。数据预处理的过程主要是数据清洗、数据格式化处理等操作，采用的技术包括Excel、Kettle、Tableau等工具，采用Hadoop的MapReduce离线计算框架进行编程处理也是一种常见

任务3.大数据分析处理
可视化综合实践.mp4

的方式。对应大数据存储平台，目前主流还是使用Hadoop。利用Hive数据仓库工具并结合HQL语句进行数据分析，是进行数据分析处理的常用思路。对应数据可视化的方法和工具比较多，本任务将结合广泛使用的ECharts工具进行数据可视化。

近年来，随着社会的不断发展，人们对于海量数据的挖掘和运用越来越重视。互联网是面向全社会公众进行信息交流的平台，已成为收集信息的最佳渠道并逐步进入传统的流通领域。同时，大数据技术的创新和应用，进一步为人们进行大数据统计分析提供了便利。

大数据信息的统计分析可以为企业决策者提供充实的依据。例如通过对电商平台日志数据进行统计分析，可以得出平台的浏览次数、收藏次数、加入购物车次数、购买次数等统计信息。结合ECharts可视化技术，可实现数据的可视化展示，为经营决策者提供决策支

撑服务。

本节将用到 Java Web、Hadoop、Hive、ECharts 等相关知识。

【2】相关知识

在大数据开发中，通常首要任务是明确目的，即想从大量数据中得到什么类型的结果，并进行展示说明。只有明确了目的，开发人员才能根据具体的需求准确地过滤数据，并通过大数据技术进行数据分析和处理，最终将处理结果以图表等可视化形式展示出来。

为了让读者更清晰地了解本节大数据分析与处理及可视化的流程与架构，下面通过一张图来描述传统大数据统计分析的架构，如图 7-26 所示。

图7-26　电商数据分析系统框架

从图 7-27 可以看出，电商数据分析系统的整体技术流程如下。

(1) 利用 Flume 日志采集工具将日志信息从文件系统采集到 Hadoop HDFS 中。

(2) 开发人员根据原始日志文件及规定数据格式定制开发 MapReduce 程序，进行数据预处理。

(3) 通过 Hive 进行最为重要的数据分析。

(4) 将分析的结果通过 Sqoop 工具导出到关系数据库 MySQL 中。

(5) 通过 ECharts 组件并利用 Java Web 实现数据的可视化展示。

【3】任务实施

各个城市的浏览量、收藏量、加入购物车量、购买量对电商平台而言是重要的指标，开发人员将一定时间内的数据指标形成如图 7-27 所示的样图，将给管理决策者提供重要的决策参考依据。

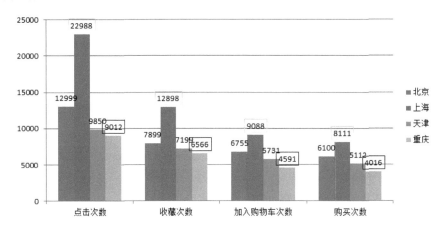

图7-27　一定周期内电商数据统计图

1．模块开发——数据采集

数据采集(DAQ)又称数据获取，是指从传感器和其他待测设备等模拟和数字被测单元中自动采集信息的过程。采集方法包括利用 ETL 进行离线采集；利用 Flume/Kafka 进行实时采集；利用网络爬虫 Crawler 进行互联网采集等。

数据采集是挖掘数据价值的第一步，当数据量越来越大时，可提取出来的有用数据必然也就更多。只要善用数据处理平台，便能够保证数据分析结果的有效性，助力企业实现数据驱动。

(1) 使用 Flume 搭建日志采集系统

Flume 原是 Cloudera 公司提供的一个高可用性、高可靠的、分布式海量日志采集、聚合和传输系统，而后纳入 Apache 旗下，作为一个顶级开源项目。Apache Flume 不仅限于日志数据的采集，由于 Flume 采集的数据源是可定制的，因此还可用于传输大量事件数据，包括但不限于网络流量数据、电子邮件消息以及几乎任何可能的数据源。

本项目的需求是利用 Flume 将 Linux 指定目录的电商日志文件信息采集到 HDFS 文件系统中，具体的配置如下：

```
a1.sources=r1
a1.sources.r1.type=TAILDIR
a1.sources.r1.channels=c1
a1.sources.r1.positionFile=/var/log/biz_info.json
a1.sources.r1.filegroups=f1 f2
a1.sources.r1.filegroups.f1=/var/log/test1/example.log
a1.sources.r1.filegroups.f2=/var/log/test2/.*.log.*
```

上述代码为核心参数的配置，选择 TAILDIR 类型的 Flume Source，可以监控一个目录下的多个文件新增和内容追加，实现了实时读取记录的功能，并且可以使用正则表达式匹配该目录中的文件名进行实时采集。filegroups 参数可以配置多个，以空格分隔，表示 TAILDIR Source 同时监控了多个目录的文件；positionFile 配置检查点文件的路径，检查点文件会以 JSON 格式保存已跟踪文件的位置，从而解决断点不能续传的缺陷。

需要说明的是，上述核心参数的配置是以实例的方式展示了进行 Log 日志数据采集的 Flume source 的配置，而完整的日志采集方案 conf 还需要根据收集目的地(此案例的数据是收集到 HDFS 文件系统中)，编写包含 Flume source、Flume channel 和 Flume sink 的完整采集方案 conf 文件。

(2) 电商日志信息说明

根据前面介绍的系统架构和流程，通过 Flume 采集系统采集的电商日志数据将会汇总到 HDFS 上进行保存，采集后的数据格式如下：

user_id,	item_id,	behavior_type,	item_category,	time,	city
10001082	298397524	1	10894	2018-12-12	广州

上述采集到的是基本数据，解释如下。

- user_id：代表用户编号。
- item_id：代表商品编号。
- behavior_type：代表用户行为类型，包括浏览、收藏、加购物车、购买，对应值分别为 1、2、3、4。

- item_category：代表商品类别。
- time：代表用户操作的时间。
- city：代表用户操作的所在地。

2. 模块开发——数据预处理

现实世界的数据大体上都是不完整、不一致的脏数据，无法直接进行数据挖掘，或挖掘结果大失所望。为了提高数据挖掘的质量，产生了数据预处理技术。数据预处理(Data Preprocessing)是针对数据在被处理之前进行的一些预先处理。

数据预处理有多种方法，如数据清理、数据集成、数据变换、数据归约等。这些数据处理技术在数据挖掘之前使用，大大提高了数据挖掘模式的质量，降低了实际数据挖掘所需要的时间。

数据的预处理可以利用 Kettle、Excel 等工具，也可以利用 MapReduce 等框架进行编程处理。

(1) 分析预处理的数据

在收集的日志文件中，通常情况下不能直接对日志数据进行分析，因为一方面可能日志文件中存在一些不合法的数据，另一方面也可能数据分析需要添加一些新的维度信息。如以下两条数据：

```
10001082    275221686    1       2018-12-08   深圳
10001082    275221686    四   10576   2018-12-17   上海
```

第一条数据缺商品类别信息，第二条数据的用户行为类型不对。因此对这些数据需要进行预处理，数据预处理的流程如图 7-28 所示。

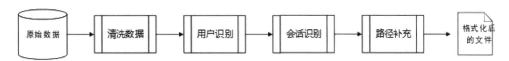

图7-28 数据预处理流程

数据预处理阶段主要是过滤不合法的数据，清洗出无意义的数据信息，并且将原始日志中的数据格式转换成利于后续数据分析的规范格式，根据统计需求，筛选出不同主题的数据。

在数据预处理阶段，主要目的就是对收集的原始数据进行清洗和筛选，这利用MapReduce 技术就可以轻松实现。在实际开发中，数据预处理过程通常不会直接将不合法的数据直接删除，而是对每条数据添加标识字段，从而避免其他业务使用时丢失数据。比如第一条数据尽管缺商品类别信息，但在处理时一般不采用删除该条数据的办法，通常的做法是补充缺失的值。

(2) 实现数据的预处理

要实现对电商日志数据的预处理，需要用到 Hadoop 的 MapReduce 离线计算技术，其作用是将数据进行规范化处理，如将大写的"四"调整为"4"，商品类别为空的数据添加一个标识，比如 0。因此在编写 MapReduce 程序时只需要涉及 Map 阶段，不需要涉及 Reduce

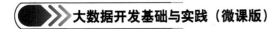

大数据开发基础与实践（微课版）

阶段。即在 Driver 的主方法中需要设置 job.setNumReduceTasks(0)。

① 创建 Maven 项目，添加相关依赖。

首先，使用项目开发工具(如 Eclipse)创建一个 Maven 项目，打包方式选择 jar，如图 7-29 所示。

图7-29　创建Maven项目

然后打开 pom.xml 文件，添加编写 MapReduce 程序所需要的 jar 包以及相关插件，主要是添加与 Hadoop 相关的依赖。pom.xml 的核心内容如下：

```xml
<!-- Hadoop 相关的依赖包 -->
    <dependency>
        <groupId>org.apache.hadoop</groupId>
        <artifactId>hadoop-common</artifactId>
        <version>2.7.3</version>
    </dependency>
    <dependency>
        <groupId>org.apache.hadoop</groupId>
        <artifactId>hadoop-hdfs</artifactId>
        <version>2.7.3</version>
    </dependency>
    <dependency>
        <groupId>org.apache.hadoop</groupId>
        <artifactId>hadoop-client</artifactId>
        <version>2.7.3</version>
    </dependency>
    <dependency>
        <groupId>org.apache.hadoop</groupId>
        <artifactId>hadoop-mapreduce-client-core</artifactId>
```

高职高专立体化教材　计算机系列

```
                <version>2.7.3</version>
            </dependency>
```

配置完成后，右击项目，选择 Maven→Update Project 命令，完成项目工程的创建。

② 编写 Mapper 程序，实现对数据的预处理。

由于只对数据文件中的一些不合规范的记录进行处理，因此只需要编写 Mapper 程序，不需要编写 Reducer 程序。编写 Mapper 程序时，需要继承 org.apache.hadoop.mapreduce 包下的 Mapper 类，并重写其 map 方法。自定义 Mapper 程序的代码如下：

```java
import java.io.IOException;
import org.apache.hadoop.io.LongWritable;
import org.apache.hadoop.io.NullWritable;
import org.apache.hadoop.io.Text;
import org.apache.hadoop.mapreduce.Mapper;
/**
 * 电商数据预处理：对不合规的数据项进行处理
 */
public class SaleMapper extends Mapper<LongWritable, Text, Text,
NullWritable> {
    Text k=new Text();
    @Override
    protected void map(LongWritable key, Text value, Mapper<LongWritable,
Text, Text, NullWritable>.Context context)
            throws IOException, InterruptedException {
        String line=value.toString();
        String[] flds=line.split("\t");
        if("".equals(flds[3])){
            flds[3]="0";
        }
        if("一".equals(flds[2])){
            flds[2]="1";
        }
        if("二".equals(flds[2])){
            flds[2]="2";
        }
        if("三".equals(flds[2])){
            flds[2]="3";
        }
        if("四".equals(flds[2])){
            flds[2]="4";
        }
        String outStr=flds[0]+","+flds[1]+","+flds[2]+","+flds[3]+","
+flds[4]+","+flds[5];
        k.set(outStr);
        context.write(k, NullWritable.get());
    }
}
```

③ 编写 Driver 程序，具体代码如下：

```
import org.apache.hadoop.conf.Configuration;
import org.apache.hadoop.fs.Path;
import org.apache.hadoop.io.NullWritable;
import org.apache.hadoop.io.Text;
import org.apache.hadoop.mapreduce.Job;
import org.apache.hadoop.mapreduce.lib.input.FileInputFormat;
import org.apache.hadoop.mapreduce.lib.output.FileOutputFormat;

public class SaleDriver {
    public static void main(String[] args) throws Exception {
        // 1.获取job对象
        Configuration conf = new Configuration();
        conf.set("fs.defaultFS", "hdfs://master:9000");
        System.setProperty("HADOOP_USER_NAME", "root");
        Job job = Job.getInstance(conf);
        // 2.设置Jar存放路径，利用反射找到路径
        job.setJarByClass(SaleDriver.class);
        // 3.设置mapper类
        job.setMapperClass(SaleMapper.class);
        // 4.设置mapper输出的key和value的数据类型
        job.setMapOutputKeyClass(Text.class);
        job.setMapOutputValueClass(NullWritable.class);
        // 5.设置输入和输出路径
        FileInputFormat.setInputPaths(job, new Path("/data.log"));
        FileOutputFormat.setOutputPath(job, new Path("/output"));
        // 6.提交job
        System.exit(job.waitForCompletion(true) ? 0 : 1);
    }
}
```

然后执行 SaleDriver 程序，在相应的 output 目录中查看 part-m-00000 结果文件，如图 7-30 所示。

```
1  10001082,110790001,1,13230,2018-12-14,广州
2  10001082,115464321,1,6000,2018-12-10,上海
3  10001082,115464321,1,6000,2018-12-10,北京
4  10001082,115464321,1,6000,2018-12-10,深圳
5  10001082,117708332,1,5176,2018-12-08,上海
6  10001082,117708332,1,5176,2018-12-08,上海
7  10001082,117708332,1,5176,2018-12-08,广州
8  10001082,117708332,1,5176,2018-12-08,深圳
9  10001082,120438507,1,6669,2018-12-02,上海
0  10001082,120438507,1,6669,2018-12-02,广州
```

图7-30　预处理后的结果

数据预处理是根据业务需求，生成符合业务逻辑的结果文件，因此不存在标准的程序代码，读者可以根据自身需求去拓展 MapReduce 程序以解决实际的业务问题。

3. 模块开发——数据仓库开发

数据仓库是一个面向主题的、集成的、随时间不断变化但信息本身相对稳定的数据集合，它用于支持企业或组织的决策分析处理，这里对数据仓库的定义，指出了数据仓库的四个特点：面向主题、集成的、随时间不断变化(反映历史数据的变化)、相对稳定。数据仓库的结构包括数据源、数据存储及管理、OLAP 服务器和前端工具四个部分。

数据预处理后，一般需要将经过预处理的数据加载到数据仓库中进行存储和分析。在 Hadoop 大数据生态体系中，常用 Hive 作为数据仓库工具。原因是 Hive 数据仓库的存储是以 Hadoop 的 HDFS 为基础，同时 Hive 提供了便于进行数据分析的 HQL。

(1)　设计数据仓库

针对电商日志数据，可以将数据仓库设计为星状模式。在 Hive 数据仓库中，设计一张 action_external_hive 外部表来存储由 MapReduce 清洗之后的数据，表结构如表 7-2 所示。

表7-2　action_external_hive外部表结构

编　号	字 段 名	类　型	描　述
1	user_id	int	用户编号
2	item_id	int	商品编号
3	behavior_type	int	行为编号
4	type	int	商品类别 ID
5	time	string	操作日期
6	city	string	用户所在的城市

(2)　实现数据仓库

ETL 是将业务系统的数据经过抽取、清洗转换之后加载到数据仓库表中的过程，目的是将企业中分散、凌乱、标准不统一的数据整合到一起，为企业的决策提供分析依据。

本项目的目的是将 MapReduce 预处理后的数据加载到 Hive 数据仓库中，利用 Hive 提供的数据分析功能进行数据分析，具体步骤如下。

①　创建数据仓库。

启动 Hadoop 集群后，在主节点 master 服务器上启动 Hive 服务端，然后在任意一台从节点使用 beeline 远程连接至 Hive 服务端，创建名为 bizdw 的数据仓库，命令如下：

```
create database bizdw;
```

②　创建外部表。

创建成功后，通过 use 命名使用 bizdw 数据仓库，并创建 action_external_hive 外部表，数据源指向 HDFS 目录上已预处理完的数据，命令如下：

```
use bizdw;
create external table action_external_hive(user_id int,item_id
int,behavior_type int,item_category int,time string,city string)ROW FORMAT
DELIMITED FIELDS TERMINATED BY ',' STORED AS TEXTFILE location '/output';
```

命令执行后的结果如图 7-31 所示。

```
hive> create external table action_external_hive(user_id int,item_id int,behavior_type in
t,item_category int,time string,city string)ROW FORMAT DELIMITED FIELDS TERMINATED BY ','
 STORED AS TEXTFILE location '/output';
OK
Time taken: 0.363 seconds
hive>
```

图7-31　在Hive数据仓库中创建外部表

然后查询 action_external_hive 表的数据，结果如图 7-32 所示。

```
hive> select * from action_external_hive limit 10;
OK
10001082     110790001      1      13230    2018-12-14    广州
10001082     115464321      1      6000     2018-12-10    上海
10001082     115464321      1      6000     2018-12-10    广州
10001082     115464321      1      6000     2018-12-10    深圳
10001082     117708332      1      5176     2018-12-08    上海
10001082     117708332      1      5176     2018-12-08    上海
10001082     117708332      1      5176     2018-12-08    北京
10001082     117708332      1      5176     2018-12-08    深圳
10001082     120438507      1      6669     2018-12-02    北京
10001082     120438507      1      6669     2018-12-02    北京
Time taken: 0.19 seconds, Fetched: 10 row(s)
hive>
```

图7-32　查询action_external_hive表的数据

③　创建中间表。

要统计不同城市的浏览次数、收藏次数、加入购物车次数、购物次数，则需要创建中间表，并将各个城市的浏览次数、收藏数额、加入购物车次数、购物次数合计放入此表。在 Hive 中创建 user_action_stat 表的命令如下：

```
create table user_action_stat(city string,user_id int,viewcount int,
addcount int,collectcount int,buycount int)ROW FORMAT DELIMITED FIELDS
TERMINATED BY ',';
```

命令执行后的结果如图 7-33 所示。

```
hive> create table user_action_stat(city string,user_id int,viewcount int,addcount int,co
llectcount int,buycount int)ROW FORMAT DELIMITED FIELDS TERMINATED BY ',';
OK
Time taken: 0.154 seconds
hive>
```

图7-33　在Hive中创建中间表user_action_stat

4. 模块开发——数据分析

数据仓库创建好后，用户就可以编写 Hive SQL 语句进行数据分析。在实际开发中，需要哪些统计指标通常由产品经理提出，而且会不断有新的统计需求产生。下面介绍统计不同城市、不同用户操作次数的方法。

由于同一个用户可能访问不同的页面，购买不同的商品，因此要统计同一用户访问页面的总次数、收藏商品的总次数、添加进购物车的总次数、购买商品的总次数，可以使用如下 Hive SQL 语句：

```
insert overwrite table user_action_stat select
city,user_id,sum(if(behavior_type=1,1,0)),sum(if(behavior_type=2,1,0)),
sum(if(behavior_type=3,1,0)),sum(if(behavior_type=4,1,0)) from
action_external_hive group by city,user_id;
```

命令执行后的结果如图 7-34 所示。

```
hive> insert overwrite table user_action_stat select city,user_id,sum(if(behavior_type=1,
1,0)),sum(if(behavior_type=2,1,0)),sum(if(behavior_type=3,1,0)),sum(if(behavior_type=4,1,
0)) from action_external_hive group by city,user_id;
WARNING: Hive-on-MR is deprecated in Hive 2 and may not be available in the future versio
ns. Consider using a different execution engine (i.e. spark, tez) or using Hive 1.X relea
ses.
Query ID = root_20200727092352_0f841e33-ba6c-4f6e-b670-52207e338bb4
Total jobs = 1
Launching Job 1 out of 1
Number of reduce tasks not specified. Estimated from input data size: 1
In order to change the average load for a reducer (in bytes):
  set hive.exec.reducers.bytes.per.reducer=<number>
```

图7-34　运行HQL进行数据分析

在 Hive 中查询 user_action_stat 表，结果如图 7-35 所示。

```
hive> select * from user_action_stat limit 10;
OK
上海    100605  318     0       4       2
上海    100890  45      0       0       1
上海    1014694 112     2       1       0
上海    1031737 172     0       3       0
上海    10001082        47      0       0       1
上海    10009860        78      0       0       2
上海    10011993        451     0       26      2
上海    10051209        139     5       2       4
上海    10088568        92      0       2       0
上海    10088967        140     0       30      1
Time taken: 2.234 seconds, Fetched: 10 row(s)
hive>
```

图7-35　查询user_action_stat表

5. 模块开发——数据导出

使用 Hive 完成数据分析过程后，就要运用 Sqoop 将 Hive 中的表数据导出到关系数据库 MySQL 中，方便后续进行可视化处理。数据导出步骤如下。

(1) 首先通过 Navicat for MySQL 工具连接到 MySQL 数据库服务器，如图 7-36 所示。

图7-36　创建MySQL连接

(2) 连接成功后，即可在 MySQL 中创建 bizdb 数据库，并在 bizdb 数据中创建 action_stat 表，以存储 Hive 数据仓库中的 user_action_stat 表数据。创建 action_stat 表的 SQL 语句如下：

```
DROP TABLE IF EXISTS action_stat;
CREATE TABLE action_stat (
  city varchar(255) DEFAULT NULL,
  user_id int(10) DEFAULT NULL,
  vc int(10) DEFAULT NULL,
  ac int(10) DEFAULT NULL,
  cc int(10) DEFAULT NULL,
  bc int(10) DEFAULT NULL
) ENGINE=InnoDB DEFAULT CHARSET=utf8;
```

(3) 利用 Sqoop 工具将 Hive 数据仓库中的 user_action_stat 表数据迁移到 MySQL 的 bizdb 数据库 action_stat 表中，命令如下：

```
sqoop export --connect jdbc:mysql://slave1:3306/bizdb --username root
--password 123456 --table action_stat --export-dir
/WareHouse/user_action_stat --input-fields-terminated-by ','
```

(4) 在 MySQL 中执行 SQL 查询语句，查询 action_stat 表，结果如图 7-37 所示。

city	user_id	vc	ac	cc	bc
天津	101105140	262	0	4	1
天津	101153614	54	0	3	0
天津	101157205	82	0	3	2
天津	101157490	172	0	0	1
天津	101218834	240	0	4	0
天津	101245876	27	6	0	0
天津	101260069	64	4	1	0
天津	101263612	195	2	11	5
天津	101266396	127	0	15	3
天津	101267203	125	1	0	0
天津	101268049	28	0	1	1
天津	101289766	60	2	0	0
天津	101321698	47	0	4	1
天津	101322904	39	0	4	0
天津	101324044	77	0	0	1
天津	101364343	75	0	0	2
天津	101366281	285	0	0	8
天津	101380978	95	0	7	0
天津	101404654	312	20	6	9

图7-37 查询action_stat表

6. 模块开发——数据可视化

随着数据分析流程的结束，接下来就是将关系数据库中的数据展示在 Web 系统中，将抽象的数据图形化，便于非技术人员的决策与分析，本项目采用 ECharts 来辅助实现。下面讲解利用 Java EE 开发电商分析系统的过程。

(1) 搭建电商分析系统

电商分析系统报表展示是一个纯 Java EE 项目，为了让读者能理解动态报表的实现过程，本项目采用传统的 JSP+Servlet 技术来实现。

① 创建动态 Web 项目。

打开 Eclipse，创建 Dynamic Web Project，项目名称为 BizReport，Target runtime 选择 Apache Tomcat v8.0，Dynamic web module version 选择 3.1，如图 7-38 所示。

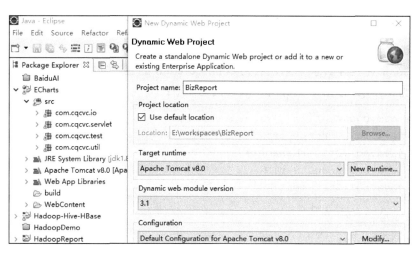

图7-38　创建Dynamic Web Project

在创建向导中，Context root 设置为"/"，产生 web.xml 描述文件，如图 7-39 所示。

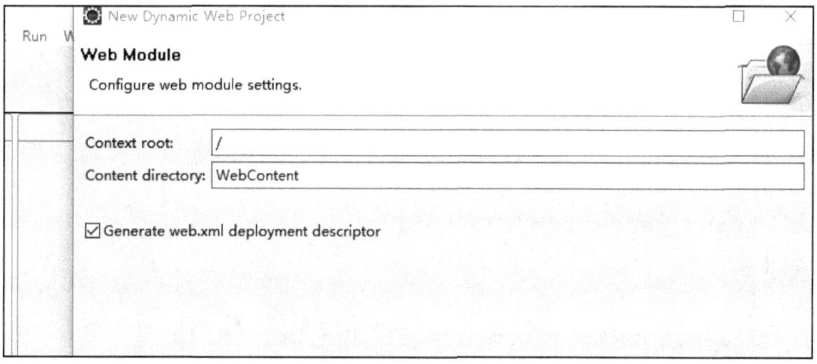

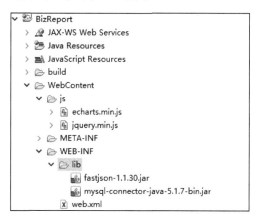

图7-39　Context root设置

②　准备 js 组件和 jar 包。

将 echarts.min.js 和 jquery.min.js 两个 JavaScript 文件复制到 WebContent 下的 js 目录下。同时将 MySQL 的 JDBC 驱动包及处理 JSON 数据格式的工具包复制到 WebContent\WEB-INF\lib 目录下，如图 7-40 所示。

图7-40　添加js和jar包

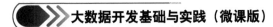

（2）实现数据可视化

① 创建数据库连接。

在项目 src 的源程序目录下创建名为 com.cqcvc.util 的包，并编写名为 ConnDB 的工具类，主要实现 MySQL 数据库的访问，核心代码如下：

```java
package com.cqcvc.util;
import java.sql.Connection;
import java.sql.DriverManager;
import java.sql.ResultSet;
import java.sql.Statement;
/**
 * JDBC 操作工具类
 * @author Hunter
 * @created 2020-06-11
 */
public class ConnDB {
    static Connection conn=null;
    static Statement stmt=null;
    static ResultSet rs=null;
    static String hostName="localhost";
    static String dbName="cqcvc";
    static String userName="root";
    static String password="123456";
    static {
        try {
            Class.forName("com.mysql.jdbc.Driver");

conn=DriverManager.getConnection("jdbc:mysql://"+hostName+":3306/"+
  dbName+"?useUnicode=true&characterEncoding=utf8", userName, password);
            stmt=conn.createStatement();
        } catch (Exception e) {
            e.printStackTrace();
        }
    }

    /**
     * 查询记录
     * @param args
     */
    public static ResultSet search(String sql) {
        try {
            rs=stmt.executeQuery(sql);
        } catch (Exception e) {
            System.out.println("查询记录时发生异常："+e.toString());
        }
        return rs;
    }
```

```
    /**
     * 关闭连接，释放资源
     */
    public static void close(){
        try{
            if(rs!=null){
                rs.close();
            }
            if(stmt!=null){
                stmt.close();
            }
            if(conn!=null){
                conn.close();
            }
        }catch(Exception e){
            System.out.println("释放连接时发生异常: "+e.toString());
        }
    }
}
```

② 读取数据，并转换成 JSON 格式。

在项目 src 的源程序目录下创建名为 com.cqcvc.servlet 的包，并创建名为 DataServlet 的 Servlet，以读取 MySQL 的 cqcvc 库中 action_stat 表的数据，并利用 fastjson 工具包将读取的各个城市的浏览次数、购买次数数据转换成 JSON 格式，核心代码如下：

```
package com.cqcvc.servlet;

import java.io.IOException;
import java.sql.ResultSet;
import java.sql.SQLException;
import java.util.HashMap;
import java.util.Map;
import javax.servlet.ServletException;
import javax.servlet.annotation.WebServlet;
import javax.servlet.http.HttpServlet;
import javax.servlet.http.HttpServletRequest;
import javax.servlet.http.HttpServletResponse;
import com.alibaba.fastjson.JSON;
import com.cqcvc.util.ConnDB;

/**
 * 获取动态数据
 */
@WebServlet("/DataServlet")
public class DataServlet extends HttpServlet {
    private static final long serialVersionUID = 1L;
```

```java
    protected void doGet(HttpServletRequest request, HttpServletResponse
response) throws ServletException, IOException {
        request.setCharacterEncoding("utf-8");
        response.setContentType("text/html;charset=utf-8");
        try {
            ResultSet rs=ConnDB.search("select city, sum(vc) as sum_view,
                    sum(bc) as sum_buy from action_stat group by city");
            rs.last();
            int num=rs.getRow();
            Integer[] vc=new Integer[num];
            Integer[] bc=new Integer[num];
            String[] city=new String[num];
            rs.beforeFirst();
            while(rs.next()){
                num--;
                city[num]=rs.getString("city");
                vc[num]=rs.getInt("sum_view");
                bc[num]=rs.getInt("sum_buy");
            }
            Map<String, Object> map = new HashMap<>();
            map.put("citys", city);
            map.put("sum_view",vc);
            map.put("sum_buy", bc);
            response.getWriter().println(JSON.toJSONString(map));
        } catch (SQLException e) {
            System.out.println("查询记录时发生异常: "+e.toString());
        }
    }

    protected void doPost(HttpServletRequest request, HttpServletResponse
response) throws ServletException, IOException {
        doGet(request, response);
    }
}
```

③ 创建 echarts.jsp 文件，以展示 JSON 数据。

创建 echarts.jsp 文件后，引入 echarts.min.js 和 jquery.min.js 文件，创建显示图表的 DIV；然后再初始化 echarts 组件，通过 jquery 接收 json 数据，并展现在页面上，核心代码如下：

```html
<%@ page language="java" contentType="text/html; charset=UTF-8"
    pageEncoding="UTF-8"%>
<!DOCTYPE html>
<html>
<head>
<meta http-equiv="Content-Type" content="text/html; charset=UTF-8">
<title>电商数据可视化</title>
```

```html
<!-- 1.引入 echarts.js -->
<script type="text/javascript" src="/js/echarts.min.js"></script>
<!-- 引入 jquery.js -->
<script type="text/javascript" src="/js/jquery.min.js"></script>
<style>
body{ text-align:center}
</style>
</head>
<body>
    <!-- 为 ECharts 准备一个具备大小(宽高)的 DOM -->
    <div id="main" style="width: 1200px; height: 600px;text-align:center;
        align:center;"></div>
    <script type="text/javascript">
    //基于准备好的 dom，初始化 echarts 实例
    var myChart = echarts.init(document.getElementById('main'));
    var url = '/DataServlet';
    $.getJSON(url).done(function(json) {
        //2.获取数据
        viewVolume = json.sum_view;        //浏览次数
        buyVolume = json.sum_buy;          //购买次数
        cityVolume= json.citys;            //省市名
        //3.更新图表 myChart 的数据
        var option = {
            title : {
                text : '各城市浏览次数与购买次数对比图'
            },
            tooltip : {},
            legend : {
                data : [ '浏览次数' ],
                data : [ '购买次数 ']
            },
            xAxis : {
                data : cityVolume
            },
            yAxis : {},
            series : [ {
                name : '浏览次数',
                type : 'bar',
                data : viewVolume
            }, {
                name : '购买次数',
                type : 'line',
                data : buyVolume
            } ],
            toolbox : {
                show : true,
                feature : {
```

```
                            mark : {
                                show : true
                            },
                            dataView : {
                                show : true,
                                readOnly : false
                            },
                            magicType : {
                                show : true,
                                type : [ 'line', 'bar' ]
                            },
                            restore : {
                                show : true
                            },
                            saveAsImage : {
                                show : true
                            }
                        }
                    },
                }
            myChart.setOption(option);
        })
    </script>
</body>
```

从以上代码可以看出，首先编写一个 DIV 标签，id 为 main，然后使用 jquery 事件创建 ECharts 图例，在 setOption 方法中的参数是固定模板，只需要添加所需的名字即可。ECharts 是通过 AJAX 异步加载数据来动态填充 X 轴与 Y 轴坐标系数据的。

(3) 数据可视化展示

代码编写完毕，选中项目，右击，选择 Rus As→Run On Server 命令，将项目通过 Tomcat 发布，如图 7-41 所示。

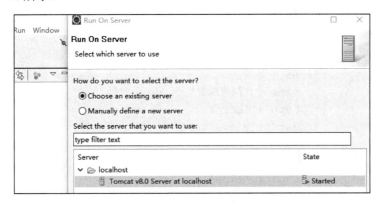

图7-41　利用Tomcat发布Web项目

项目发布后启动 Tomcat 服务器，然后打开浏览器，并在地址栏中输入页面访问地址 http://localhost:8080/chart.jsp，出现的效果如图 7-42 所示。

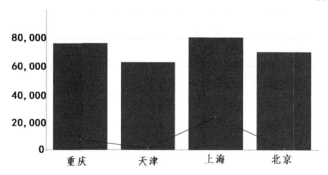

图7-42　各城市浏览次数与购买次数对比

【4】任务拓展

在完成 ECharts 的柱状图之后，尝试统计分析四个直辖市购买次数的占比，并生成对应的饼状图。

参 考 文 献

[1] 刘鹏. 大数据[M]. 北京：电子工业出版社，2017.

[2] 零一. Python 3 网络爬虫[M]. 北京：电子工业出版社，2018.

[3] 周苏. 大数据可视化[M]. 北京：清华大学出版社，2018.

[4] 黑马程序员. 大数据项目实战[M]. 北京：清华大学出版社，2020.

[5] 黑马程序员. Hadoop 大数据技术原理与应用[M]. 北京：清华大学出版社，2019.